U0138382

Tea
at

FORTNUM & MASON
EST 1707

英式百年經典下午茶

◆ ◆ ◆ ◆ ◆

艾瑪‧馬斯登 Emma Marsden 著　謝馨 譯

FORTNUM & MASON

英式百年經典下午茶

Contents
目錄

簡介	7
茶史	9
品茶	23
三明治與鹹點	41
司康與餅乾	53
小蛋糕與小點心	69
經典蛋糕與法式蛋糕	87
水果蛋糕與茶蛋糕	101
果醬與飲品	119

簡介
Introduction

　　弗南梅森（Fortnum & Mason）之名牽連著茶的世界已長達超過三個世紀。從開放遠東與西方的貿易，到英國國土上第一株收成的茶，弗南執著茶源、精煉品質並提供地球土壤孕育出的美味給顧客。

　　每一個時代都會對茶有新的見解，並研發偏好的口味。無論是中國古代調配的茶、香茶或是濃郁的綠茶或紅茶，弗南在各種茶中都能找到最好的版本。

　　為了慶祝茶與弗南梅森長久的關係開花結果，我很榮幸向各位介紹弗南梅森對茶的貢獻以及其社會地位。每一份美味的食譜都能搭配每一口有歷史的茶，以及體驗最傳統的英國消遣——喝茶。您若愛茶，我推薦這本小食譜滿足您的需求。

主席
凱特・赫伯斯
（Kate Hobhouse）

The History of Tea

茶史

一九二七年弗南梅森的茶選

一九三一年聖誕節目錄

茶的起源

　　茶源自於中國，這圍繞著神話跟歷史的茶葉則成為弗南最頂級、最有名的茶種。其中一則故事源自於西元前二七三七年，講述著神農氏如何嘗百草。當他在一棵高聳的野茶樹下休息時，煮了點水喝。此時幾片葉子從枝葉間緩緩飄落，最後落入水中。這煮出的提神又清爽的飲品正是我們現在所稱的茶。另一個時代較晚的傳說則是描述了菩提達摩面壁禪坐的故事。有一回在冥想時睡著了，為了懲罰自己，便將自己的眼皮割除。眼皮落地之處長出了第一株茶樹。也許根據傳說，神農所喝的茶來自於一株野茶樹，但事實上，茶經歷了千年的培養與改良。在唐代（西元六一八至九〇六年）行家們會將蒸青過的茶葉搗碎製成茶粉，再加入各種調味料——包括梅子汁或是洋蔥。不過，後者是否是必要的一味則有待考量。

　　宋朝（西元九六〇至一二七九年）喝茶時，人們將茶粉與熱水攪拌打發直到起泡沫，聽起來倒像是一種非常古早、茶葉版本的卡布奇諾。這個時期就找不到使用洋蔥調味的記錄了，不過花瓣或是精油倒是讓茶風味變得有異國情調。直到中國的中世紀（精確來講是西元一三六八到一六四四年），才發展出我們現今熟悉的茶。蒸青的茶葉曬乾後泡入水中，茶葉散開、浸泡之後，倒入白瓷茶杯以檢視茶色。茶葉曬乾的過程讓茶葉能夠發酵或是氧化，變成古銅紅，更方便保存其風味，也有利於作為商品長途運輸。

儘管至今，喝茶已經和英國文化密不可分，但事實上，茶是在十七世紀初，由葡萄牙和荷蘭貿易商引進歐洲的。直到西元一六五八年，茶才進入倫敦，但也是在查爾斯二世（Charles II）和布拉干薩的凱薩琳（Catherine of Braganza，葡萄牙公主）聯姻後，喝茶的習慣才在宮廷流行起來。茶與宮廷的關係成為於聖詹姆士中心茶市場興起的關鍵。

強森博士與斯雷爾夫人討論茶與蛋糕

弗南梅森與茶的關係

西元一七〇七年，馬廄主人修・梅森（Hugh Mason）和皇室侍從威廉・弗南（William Fortnum）一起創立了弗南梅森的事業，販賣雜貨與茶葉。兩位年輕人靠著茶葉這項商品築夢並發展他們的事業。威廉・弗南和他的家族皆與茶葉有著密切的關係。弗南的一個親戚在東印度公司工作，這成為了日後國民飲品的重要進口商。

一八四〇年，弗南門面

英國人的飲品選擇

滿載珍貴茶葉的船隻跨海到不列顛群島需要十二到十五個月的時間。當時運送茶葉跨了半個地球，其中的運茶成本以及重稅，使得早期只有富裕人家才能合法地享受品茗樂趣。到了西元一七〇七年，從荷蘭走私的茶葉在黑市成為熱門商品，但茶葉中也填充了些不太好的雜質。有鑑於此——也是為了守法——想喝茶的人們魚貫而入弗南梅森就為了買品質純正（且合法）的茶葉，

"THE ROARING FORTIES"
(of course, we ourselves never presumed to roar)

the most famous
TEA
COUNTER
in the world

一九三〇年，特別版茶葉傳單

This is the
WILLOW PATTERN
COMMENTARY

"All the world's a plate
and all the dishes Fortnum and Mason's"

Free adaptation from As You Like It
Act 2, Scene VII

Issued by FORTNUM AND MASON *in their*
Fine Old Georgian House *at* 182 PICCADILLY W1

一九二四年，節錄自茶葉評論

包括濃紅茶，其製作的方法就是為了能夠承受長途運輸的旅程。

到了十八世紀，英國境內的茶癮人口成長了百分之兩百二十五，弗南梅森對於這樣的成長可說是小有貢獻。西元一七八四年，政府認為茶的需求勢不可擋，並且為了打擊走私，決定減少茶稅，從百分之一百一十九降到只要百分之十二點五。現在幾乎所有人都能夠合法地享用茶了。很快地，茶成為早餐的熱門飲料，取代了原本的啤酒與琴酒，漸漸地一天的任何時段都可以喝茶了。

同一世紀，咖啡廳則開始退流行，取而代之的是優雅的開放式茶花園，成為當時社會最時尚的活動。其中最有名的花園就是位於切爾西的蘭尼拉休閒花園，於一七四二年開幕，主要特色是大圓頂的羅馬神殿建築。花園的入場費是兩先令又六便士（大約12.5磅），這樣的價格，當然啦，還包含茶資！其中最著名的訪客就屬莫札特（Mozart）了，當時他為了幫昆布蘭公爵（Duke of Cumberland）演奏而造訪此地。

波士頓茶葉黨

美國人在十七世紀末開始喝茶，同一時間，茶花園的風潮也傳了過去。在波士頓這重要的海港城市，茶是財富與社會地位的象徵。當時美國是英國的殖民地，大部分的茶都是由英國進口，其中包括了不少的弗南梅森茶。

西元一七六七年，英國國會決定增加北美殖民地茶與其他貨物的稅，以打平在新世界開拓的行政費用。這項政策引來反彈，儘管改革後的幾年，對於其他貨物稅較可以接受，人們還是對於茶稅十分不滿。西元一七七三年那命中註定的一天，七艘從英國運著茶葉的船靠岸了。波士頓人身著北美原住民服裝，登上了其中一艘達特茅斯號，將船上的正山小種紅茶（其中有不少是弗南的）丟到海中。這事件讓波士頓茶葉黨的名號就此流傳下去，並將英國殖民美國的時代劃下句點，但卻無法消弭弗南在美國的客戶對好茶的熱愛。此後，無論是保皇黨或是共和黨，弗南依然繼續對美國出口茶葉。

鴉片戰爭

十九世紀初，英國與中國的關係日漸緊張，也讓茶市消弭。在英國，中國來的貨品非常搶手，但中國對於英國貨卻興趣缺缺。

American Groceries

F&M COOKIES
F&M GOODIES
F&M CORN
F&M CHOWDER
F&M SEA FOOD
F&M PRESERVES

Fortnum & Mason Ltd.

181 Piccadilly, London, W.1

REGent 8040

一九三〇年代，美國客戶為了茶葉魚貫而入弗南，然而英國客戶則是想要美國貨品

〈搖擺前進：兩艘載著茶葉的帆船〉，蒙塔格・道生（Montague Dawson）繪製

〈搖擺前進：拾穗者〉，蒙塔格・道生繪製

東印度公司跟中國進行了非法的孟加拉鴉片貿易，導致中國與英國打了兩場鴉片戰爭，分別在維多利亞女王執政早期，第二次則是在晚期的西元一八五〇年代。

一九五七年，貼近客戶的服務

這兩場戰爭就此改變了茶貿易的風貌。直到西元一八三九年，英國幾乎所有的茶都是來自中國，但是到了一八六〇年，百分之八十五的茶來自於印度和錫蘭，只剩下百分之十二來自中國。茶再度變得昂貴，而弗南也樂見他們的茶葉客戶能身處於世界上資源最豐富的茶行。

快速帆船與茶的運輸賽跑

美國人將流線型的快速帆船帶入國際貿易，大大減少了跨海運輸的時間。在一八五〇年末期，英國有了自己的快速帆船船隊。船隊能夠從順著同一條海潮中國出發航向英國，返航給船員補給，這也是世界第一批用快速帆船運送的茶葉。

一九三一年，聖誕節目錄

快速帆船的全盛時期持續了二十年，直到被蒸汽船取代為止。此時，從中國與印度到達英國的茶葉不再是珍寶。當蘇伊士運河在一八六九年開通後，這條航線要抵達泰晤士河只需要三個月。

𝕹otice

TO THE NOBILITY

& GENTRY

throughout the King's Dominion

ABOUT

ii TEAS

that *cry out* to be drunk of

DEEPLY

by reason of their

surpassing loveliness

SUPPLIED By us for many YEARS to HIS late MAJESTY King EDVVARD VII

KING'S BLEND *Tea* — IN truth a Royal tea with fragrance that gives sweet amaze to connoisseurs, and a flavour of such beauty as is not to be equalled in all the world. A China blend of Lapsang, Keemun, Ichang and Kintuck.

In One Pound *Tins 4/8 each*

QUEEN ANNE *Tea* — THE Queen of Indian and Ceylon teas. We blend it with pride and loving care from all that is best in certain chosen tea gardens of Assam, Ceylon and Darjeeling. It is a tea of gentle loveliness.

In One Pound *Tins 4/8 each*

FROM

FORTNUM & MASON

Importers since Tea was a novelty in England

Established at 182 PICCADILLY, *W*

for over 200 years

OUR ARGOSY APPROACHING THE ISLE OF WIGHT

"Zounds! What risks we run to obtain such teas"

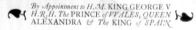

By Appointment to H.M. KING GEORGE V H.R.H. The PRINCE of VVALES, QUEEN ALEXANDRA & The KING of SPAIN

一九二九年，茶葉傳單

茶的新紀元

此時錫蘭，現今的斯里蘭卡，已和不少茶商合作，這都歸功於在一八六○年代咖啡豆種植失敗。到了一八七○年代初，印度和錫蘭正式成為大英帝國專屬的茶田。自從鴉片戰爭後，中國茶再也沒有在英國之前的能見度。中國茶成為茶飲行家的選擇，也只能在弗南梅森或是其他專門茶行才能取得。

皇室欽點

弗南梅森長久以來一直跟皇室保持關係。從安女王（Queen Anne）執政開始，弗南家族世世代代都幫皇室服務。直到維多利亞女王（Queen Victoria）長久又卓越的執政時期，該公司第一次得到來自皇家的證書。西元一八六七年八月三十日，該公司被欽點為他兒子亞伯特王子（Prince Albert Duke of Edinburgh，愛丁堡公爵）專屬的茶行。至今，這家全球知名的茶行仍繼續從女王那獲得證書，作為威爾斯王子專屬的茶商，提供各種產品。

不少弗南的茶是專門為了皇室成員調和的。皇家調和茶就是為了愛德華七世（Edward VII）量身打造，其包含阿薩姆以及淺焙錫蘭茶，後者讓茶淡雅，提出阿薩姆的堅果味。這是一款濃茶，適合與牛奶飲用。

安女王調和茶則是在西元一九○七年，弗南的兩百週年慶時為了慶祝皇室執政而調配。這款茶帶有清淡的甜酒香，在任何時間都適合飲用。以阿薩姆與淺焙錫蘭調和而成，比皇家調和茶更清雅些，可以不加牛奶飲用。

弗南梅森給白金漢宮調配了弗南煙燻伯爵茶。這款茶結合了傳統的佛手柑香氣以及正山小種與珠茶，有著獨特風味。

英國茶史與弗南梅森茶行的歷史，茶商、雜貨等，皆難以分割。皮卡狄里街曾經、現在都是品嘗來自遠洋好茶的地方。這金黃色的飲品定義了這個國家，皮卡狄里街正也是茶飲知識與熱情的中心。讓我們舉杯敬這段歷史。

隔頁：二○○七年，茶行門面
下圖：一九九○年，茶行櫃檯

Taking Tea

品茶

紅茶、烏龍、綠茶還是白茶？

茶葉來自於長青灌木，山茶屬茶樹（Camellia sinensis），再經加工後，根據不同的方式，製成紅茶、綠茶、烏龍或是白茶。種植的風土——包括氣候、土質及地形，是釀酒的關鍵，同樣也是種茶的必要條件。如同葡萄酒，茶葉的品質取決於何時何地採集的，氣候、土質以及種植的高度。要讓茶樹吸收營養，需要攝氏10到27度之間，每年最多2.25公尺的雨量，仰角海拔300到2000公尺，微酸的土壤以及良好的排水。茶葉主要的生產者來自有著這些條件的國家，如中國，產有各種綠茶和紅茶，如印度與斯里蘭卡（原錫蘭），主要生產紅茶，日本產綠茶，而台灣（福爾摩沙）產綠茶和烏龍，後者是一種半發酵、部分氧化的茶。

弗南梅森提供各種的茶，包括大片葉的調和以及來自世界各地的單一產地茶。單一產地茶（Single Estate Tea）指的是茶葉僅使用同一個茶莊的茶——不是混合來自好幾種茶莊的茶葉或是調和茶。不少單一產地茶標明為稀有茶，因為通常都是從非常少量的茶樹中採集（有些茶樹甚至樹齡有一百多歲），或是只有每年長出特定品質、非常少量的茶樹（更多關於調和的資訊請參考第28到29頁）。

製作紅茶時，茶葉採集後會送到工廠，茶葉會攤開在簍子上，且需要非常溫暖的空間（大約攝氏25到30度）讓其枯萎。枯萎的葉子便會捲起、釋放化學物質並產生香味以及茶色，放置一邊讓其吸收氧氣並且徹底發酵。當茶葉呈現濃郁的金黃鏽色表示可以進行下個步驟。茶葉會烘乾或是烤乾不讓茶葉繼續枯萎。在這個階段茶葉變成黑色，並且可以分類分級（詳見第26頁）。

烏龍茶是一種半發酵茶葉，所以發酵的時間比較短。烏龍也有分很多種，有些非常容易在葉緣枯萎，製成另一種發酵效果。這些葉

子會半捲成緊緊的小結或是一束的茶。茶的各種芳香來自土壤、高度差異以及細膩的處理過程。

綠茶的採集和枯萎過程與上述一樣，不過枯萎後不發酵，而是蒸青或是烘乾讓葉子軟化再捲起（大部分是用手捲的）。重複這樣的步驟直到葉子乾燥。

白茶則是所有茶類中加工步驟最少的。茶葉在開芽前便採集了，攤開後，通常在乾燥前就日曬讓其枯萎。在一八八○年代中期，茶農開始挑特殊的茶樹製作「銀毫」以及其他白茶。「大白」、「小白」、「水仙白」有著又大又嫩的芽，這些茶樹被選作為製作白茶，並且（大部分）至今依然是製作白茶的生原料。

創造完美的調和茶

調和茶就像是將各種最高級的葡萄製成一瓶完美的葡萄酒。想當然耳，技巧與知識是這項工藝的關鍵。調茶師必須訓練他們的味蕾，才能夠從各種茶葉中調出完美的茶。這麼做也是為了能夠維持一致的品質。

弗南梅森茶的種類繁多，從茶香濃厚的伯爵或正山小種，到散發濃郁堅果香的阿薩姆，以及風味強烈的經典早餐茶，又如清新淡雅口感的錫蘭花橙白毫或祁門。

弗南梅森的
紅茶與烏龍茶

茶	特性
祁門（中國）	生長於安徽省祁門。最有名的中國紅茶。由工夫紅茶製成——一種捲曲、薄、質地緊實的茶葉。
正山小種（中國）	來自福建省的煙燻茶。由松樹燒柴烘乾茶葉。大而薄的黑色茶葉。
台灣烏龍（台灣）	大片銀褐色茶葉，帶有桃香。

茶葉分級

　　茶葉採收後送至倉庫存放，此時由調茶師將茶葉分級。茶葉分級不是依照品質，而是茶葉面積的大小，讓調茶師能夠做出成品。分類的名稱如白毫、小種等茶葉等級，而碎茶葉則分成碎葉、細碎等級以及粉末等級。將茶歸類為碎葉等級意味著葉瓣面積較小，細碎等級則是處理茶葉後剩下的，通常製成茶包。粉末等級則是最後一等級，也是茶葉分類過程中飄出的最小粒子。第30頁列出了等級表。

　　一位調茶師需要多年的磨練才有足夠的經驗調和弗南梅森的茶。他們必須了解各種茶葉特性的細枝末節才能調出完美的茶。每一種調和都是根據食譜且只使用最好的原料——最頂級的茶葉。採茶的瞬間決定了茶葉的特性——甚至是哪天採收都有關係

沖泡法	喝法
一人份一茶匙，快要煮開的水，泡5到6分鐘。	深褐色，散發清香。可以單喝，也可以搭配微辣的食物、甜點或是宵夜。
理想來說加入快要煮開的水。一人份一茶匙，泡5分鐘。	不要配牛奶或糖。適合熱天飲用，也適合搭配重口味起司、燉肉和紅酒。
一人份一茶匙，煮開馬上加入，泡5到6分鐘。	不要配牛奶或糖。適合下午或傍晚飲用。適合甜點或輕蛋糕。

——調茶師必須要有能力去辨別這樣的差異。

　　調茶的最終目的是要整年維持一致的品質，且考慮到季節變化，會影響到弗南梅森選茶的決定。就像食譜必須要依照口味作調整一樣，調茶也是這麼一回事。弗南的調茶師得時常微調配方確定各種特調的風格一致。調茶時先使用迷你手調法（將少量的茶葉事先進行迷你特調，模擬在工廠的成果），口味正確後，一款特調就此誕生。不過，在特調茶正式上市前，這類的迷你特調和工廠特調都必須再度實驗以確保品質穩定。

弗南梅森的
白茶與綠茶

茶	特性
龍井（中國）	外表長、扁的綠葉。來自西湖，靠近浙江省龍井。
珠茶（中國）	產於浙江省平水。葉子捲成球狀，沖泡時會展開。
綠或紅牡丹（中國）	來自安徽省的條索茶葉。加工製成綠茶或紅茶，並捆成錯綜複雜的花瓣球。這樣高超的技術需要極大的耐心與技巧。泡茶時，花狀茶葉在水中緩緩綻放。有時候也會在捆綁茶的中心，放入繽紛的花瓣。
煎茶（日本）	茶葉手採後，蒸青、團捻並乾燥處理，直到茶葉變成一根根綠色的針。茶水是綠色的，有著深沉的甘甜以及清爽的綠茶香。
玉露（日本）	這款針狀盆栽在生長時經覆蓋後，避免陽光直接照射增加甘味。這是日本最頂級的茶。

沖泡法	喝法
一人份二茶匙，大約攝氏70度的水，浸泡3分鐘。	茶色是澄清的綠色，一天中任何時間都能飲用，也可以幫助消化。不搭配牛奶和糖直接飲用。
一人份二茶匙，大約攝氏75到80度的水，浸泡3到4分鐘。	無論下午或傍晚都適合的提神茶，可以單喝，或是搭配薄荷或檸檬。很適合做成冰沙或冰茶。
一人份是「一朵花」，大約攝氏80度的水，泡5分鐘。浸泡於無把手也無腳的玻璃杯或是淺的白杯中，才能夠展現茶葉綻放之美。	非常提神，可以當下午茶或是飯後幫助消化。不搭配牛奶和糖直接飲用。
一人份一茶匙。攝氏70度的水中浸泡2分鐘。	不搭配牛奶和糖，但可以選擇要不要配食物飲用。非常幫助消化。
用剛煮滾的水，冷卻到50度之後，一茶匙的茶用四茶匙的水浸泡2分半鐘，依照口味陸續加水或是再加時浸泡。	可以單喝，或是餐後飲用幫助消化。這款茶非常提神，能稍微鎮靜、沉澱心神。

茶葉等級表

特優級尖毫黃金花橙白毫（SFTGFOP）	此等級的花橙白毫有著金黃嫩芽的毫尖，這是整片茶葉最好的品質。
優質尖毫黃金花橙白毫（FTGFOP）	此等級的花橙白毫有著高比例的金黃毫尖，是優質的茶葉。
精選尖毫黃金花橙白毫（TGFOP）	此等級的花橙白毫有著高品質。
黃金尖毫花橙白毫（GFOP）	高品質的花橙白毫，這是高級茶葉中第二等級，沒有毫尖，芽一開便採集。
橙白毫（OP）	此等級的茶葉有著長而尖的茶葉，當芽開成葉子時採集。
白毫（P）	較短，比橙白毫低一階。
花白毫（FP）	茶葉捲成球狀，跟橙白毫相比較短、較粗糙。
白毫小種（PS）	比白毫短且粗糙。
小種	捲大片葉子時產生的粗糙大葉，通常拿來做中國煙燻茶。

碎葉等級的分類類似，加上B表示，例如金黃碎葉花橙白毫寫作GFBOP。

細碎和粉末等級則分別加上F或D表示，如碎葉花橙白毫細碎寫作BOPF，跟BOPF1都屬於最高等。

同理，為了追求茶水的特殊風味，弗南梅森調茶師也必須了解乾燥茶葉的特色、形狀跟顏色，這些都必須要配合特定的調理公式。假若調茶師認為茶葉很「大眾」，表示沒特色；若他覺得「大膽」，調配時這類茶葉則過於強烈。然而，若調茶師認為「有吸引力」，表示這調配能開花結果，無論是茶葉的大小還是顏色，若顏色是「銅色」，則表示茶葉品質優良，加工成功。

　　試茶時，調茶師和品酒師品酒的方法是一樣的。首先，他們會先嘗一小口茶水，然後吸幾口氣，讓茶在口中擺盪、旋轉。這樣的品茶法能夠帶出調茶中的各種茶韻。

　　茶水則分成亮、金黃色（淺泡茶且有著迷人的顏色），到濃郁（表示擁有強烈的味道）。以阿薩姆為例，嘗出堅果味表示好。好的大吉嶺通常味道較強烈，能鎮靜心神卻不苦澀。一些阿薩姆茶也讓人聯想到覆盆子果醬（是真的！），而麝香葡萄味則是對頂級大吉嶺最好的稱讚。

如何泡出完美好茶

　　取得高品質弗南梅森茶後，值得跟著專家的建議遵循實驗多次的泡茶技法。

　　首先，用熱水沖泡茶壺以暖壺。若您平常就習慣喝不同種類的茶，值得投資不同款的茶壺，因為茶葉味道如同綠鏽般會在茶壺內部殘留，影響下次泡茶的風味。通常濃茶適合以銀製或陶壺沖泡，瓷骨或瓷器適合淡茶。千萬不要用肥皂水洗茶壺，或是放入洗碗機洗。茶喝完後應淨空，用清水浸泡，倒置瀝乾。

　　至於茶葉的份量，以茶葉來說，先遵守「一茶匙一人份或是一

壺」的原則，再基於此份量，實驗適合自己的比例。若使用茶包，用一樣的規則：一包一人份或是一壺。若是用茶杯泡，只用一個茶包並且浸泡4到5分鐘。水果茶或是綠茶通常不配牛奶喝，所以泡1到2分鐘即可。

煮開水時，用新鮮的水注入水壺中，若您居住的地方水質中的礦物含量高，建議先濾水。沖泡紅茶的水應該要煮到滾，綠茶則是滾之前（約攝氏70到88度）。若您第一泡茶喝不完，建議您將茶水倒入另一個溫過的茶壺中，將茶水從茶葉中瀝出。將茶葉跟茶水分開能夠避免茶過度浸泡變得苦澀。

泡奶茶時，傳統派認為牛奶應該先入杯，再入茶是最好的。這樣的方法是因為從前人希望避免滾燙的茶傷害高級瓷器，這樣的泡法也能夠讓兩者混合更好。從科學的角度來看這種泡法的話，則是因為能夠將茶冷卻且避免高溫逼出牛奶中的脂肪影響味道。然而，若是在加了茶之後再入牛奶，比較好控制牛奶的份量，調出自己喜歡的味道。無論如何，我們認為這是看個人喜好，而事實上兩種方法對味道的差異影響不大。

概括來說，弗南梅森的濃茶（以阿薩姆為基底的調和茶）是最適合搭配牛奶的。淡茶和花香茶則不要加牛奶，因為加入牛奶會改變特調茶原有的風味，並且會泡出完全不一樣的茶。儘管，再次強調，這部分完全取決於個人喜好。

THE OLD SILVER TEAPOT

THIS is the tea we like to drink of a winter's evening when the curtains are drawn and there is no sound but the soft noises little flames make when they dance amongst the logs. We drink it slowly, savouring of its flavour and thinking of a thousand things. We peer curiously at ourselves acting the scenes of long ago, marvelling at the heat and anger that was once so real. Sometimes we unsay the things we would fain unsay and play again the part as we would wish it played—and then someone comes to clear away the tea.

Old Silver Teapot Tea, 3/6 per lb.

Being a blend of rare Indian,
Ceylon and Darjeeling Teas

10-lb. caddy 34/6, carriage paid

Inspecting General refusing Whisky-and-Soda and demanding Tea during the hot weather

一九二四年，茶葉評論，第五期：茶與蛋糕

弗南梅森茶選

皇家特調	來自錫蘭的花橙白毫讓傳統的茶彷彿多了一顆突出的音符，產生滑順、近似蜂蜜的口感。
早餐特調	生長在北印度的布瑪拉普特拉，這種未混合的阿薩姆茶葉有著強烈、渾圓的麥香。
攝政特調	這款清爽渾厚的特調要歸功於百年來與中國、印度和錫蘭的貿易。在弗南的餐廳中是下午茶的明星首選。
午後特調	午後特調結合了來自錫蘭高地與低地的茶葉，有著淡雅清爽的口感。
皮卡狄里特調	可用這款清爽的錫蘭茶來重新體驗弗南梅森，通常不加牛奶飲用。
伯爵特調	在一八三〇年代，英國首相格雷二世伯爵以他之名給予了這款茶的稱號，自此便被視為是英式午茶經典。這款茶擁有獨特茶香，是在紅茶中融合了佛手柑精油所創造的香氣。可以在下午飲用，泡好即時享用，不加牛奶或檸檬，才能確保抓住茶香中最佳的韻味。
伯爵夫人	這款茶的基底是經過完善揉捻花橙白毫茶，用經典的佛手柑和一點橘子香氣提升口感。適合快接近中午的早晨或是下午飲用。
特級阿薩姆	特級阿薩姆有著豐富又濃厚的酒香，搭上滑順渾圓的麥香，在一天中的任何時段都適合飲用。
大吉嶺細碎花橙白毫	這個最近開始受歡迎的紅茶有著鮮明的銅色。細碎等級的葉子產生強烈的味道，適合喜歡將牛奶加到大吉嶺的人飲用。

大吉嶺特級黃金黃花橙白尖毫	是由最高品質茶葉中的尖毫製作，有著穩重的麝香味，渾厚、強烈的個性適合搭配非常特別的早餐。
俄羅斯商旅茶	這是款清爽帶有堅果香的中國祁門紅茶與烏龍特調，令人回憶起那條將茶帶給沙皇的貿易之路。
弗梅森	這是一款中國與印度茶的特調，加入了橙花的精緻香氣，讓整壺茶有著沉穩的花香。

　　玫瑰、柑橘、檸檬香茅、覆盆子、薑以及各種乾香草、乾果及花都能夠當作提神的熱、冰飲——正確名稱稱為無咖啡因的花草茶（infusion或是源自法文的tisane）。這表示沖泡時只需要這些材料的精華，並不需要煮滾提出香氣。

散裝茶葉還是茶包？

　　散裝茶葉的品質是最高級的，且毋庸置疑地能夠煮出最好的風味。現今，茶包非常普遍，很難想像這項技術其實只有一世紀多的歷史，源自於西元一九〇八年的紐約。這小小的絲袋原本是來製作茶的樣品，也是最快最方便的泡茶方式。從絲變成紗布最後是紙袋。茶包的尺寸也變得更小巧，所以更好包裝，注入細碎或是粉末等級的茶葉（小面積的茶葉），能更快地泡茶。

　　兩者品質的差異是因為茶包的尺寸限制了茶葉展開的空間，故茶包泡出的茶缺少了散裝茶葉泡出的那種複雜層次感。儘管如此，一九六〇年代英國大眾對茶包的需求讓弗南開始販售各種品質的茶

包。至今，在英國販售的茶之中大約有百分之九十七是茶包，不過，相反地，弗南梅森售出的茶有百分之七十是散裝茶葉。要保存各種形式的茶，無論是茶葉或茶包，都必須存放於室溫中，放置於密封盒。

來場下午茶

我們要感謝第七任貝德福公爵夫人安娜（seventh Duchess of Bedford，一七八八年至一八六一年）帶給大家下午茶的傳統，她發明了一天中能夠愉快休息的時光。當時，她是維多利亞女王的親隨之一。皇室會有豐富的早餐，簡單的午餐，晚上又是盛大的晚餐。中午的簡餐與晚上的大餐中間的那段時間，常讓公爵夫人在下午感到「心神不寧」，所以便叫她的僕人送蛋糕到她閨房。她非常喜歡，於是漸漸地養成了習慣。這樣的風俗很快地在聖詹姆士宮附近的大戶人家傳開，也傳到了弗南梅森在皮卡狄里的店。

這項新的下午「餐」有著一組美妙的裝備來盛裝茶和伴隨的鹹點、甜點。一個茶壺以及另一個裝著熱水的金屬壺是必備的（後者是為了續加熱水到茶壺中），連同一小壺牛奶，會一併送到長桌，以及一碗檸檬片。每個壺都配著濾茶器和泡茶器，也有瓷杯搭配底盤以及銀匙攪拌茶和牛奶。也會放上一個瓷碗放置茶渣，所以每一杯茶都能夠享用到全面的茶味。至於糖，儘管不是每個人都喜歡加，則是以方糖的形式放在碗中，用夾子夾取。奶油盤放了奶油，旁邊也放了抹司康用的凝脂奶油和一碗果醬。這樣優雅的場合也需要餐巾、餐盤、小刀又來享用點心。

在十八世紀，茶是一種昂貴奢侈的飲品，所以茶通常會鎖在茶罐中，由女僕或是管家保管茶鎖，綁在腰帶上確保安全。茶罐有各種造型尺寸，但最基本款的就是一個鐵條的木盒。裡面通常有兩個間

格，放了不同的茶。茶罐中間的玻璃碗放著茶匙，表示可以在此碗中依照個人喜好調和茶。更精緻的茶罐也用於各種下午茶場合。

茶罐是很好的婚禮賀禮，不少茶罐上精緻雕刻著新人姓名的縮寫或是徽章。到了維多利亞時期，茶變得較便宜，也變得沒那麼重要，不需要鎖起來了。不過，人們依然繼續使用茶罐，因為這是儲存以及保存茶葉風味最好的方式。

現今，各個飲茶者開始創造個人喜愛的調和茶，復興了調和茶的藝術。喝下午茶的習慣——無論是出門喝或在家喝——又再度流行起來，有著各種不同的鹹點、蛋糕、茶蛋糕組成了這愉快又令人沉醉的活動。

Sandwiches
and
Savouries

三明治與鹹點

The Sandwich

三明治

　　用兩片麵包夾著豐富的內餡，經歷了幾世紀的發展成了我們今日所見的三明治。三明治最原始的前身追溯至中世紀。當時以厚片的走味麵包作托盤或盤子，把食物堆在上面，開放式三明治的精髓由其而生。一直到十八世紀，三明治才得到正式的名稱，其名源自於第四代三明治伯爵（Earl of Sandwich）。據傳，晚上在打牌時，他為了不讓手油膩，便請他的僕人用兩片麵包夾著肉片送上桌。

小黃瓜、奶油乳酪和蒔蘿三明治

調味是三明治的關鍵。在小黃瓜上淋上白酒醋，以及奶油乳酪拌入磨碎的白胡椒。酸度增加小黃瓜的風味；胡椒可提出起司的鹹味。

可製作4份三明治

奶油乳酪　100克

切碎的新鮮蒔蘿　3大匙

現磨白胡椒　少許

去皮切片小黃瓜　1/4根

室溫放軟的有鹽奶油　少許

切片的全麥和白吐司　各四片

準備一個小碗，將奶油乳酪和蒔蘿攪打均勻，並用一點點白胡椒調味。另一個碗中放入小黃瓜切片及白酒醋。

將蒔蘿奶油乳酪均勻地抹在全麥吐司的其中一面，再舖上小黃瓜切片。

剩下的白吐司抹上奶油，一片片地蓋在全麥吐司上。

切邊，將每份三明治切成手指可拿的四個三角形即可。

燻鮭魚香草法式酸奶三明治

用一點法式酸奶點綴、溫和香草以及芥末讓這美味的三明治有些優雅的感覺。

可製作4份三明治

室溫放軟的有鹽奶油　少許

切片全麥麵包　8片

薄片燻鮭魚　125克

法式酸奶　2大匙

第戎芥末　1到2茶匙

切碎的新鮮羅勒葉、洋香菜　各1大匙

檸檬切舟狀　一小塊

麵包抹上奶油後，將燻鮭魚鋪在其中一半的麵包上。

準備一個小碗，將法式酸奶、芥末及各式香草混合，抹在其他麵包的表面。

在燻鮭魚上擠少許檸檬汁。用另一片麵包蓋上後切邊。每份三明治再切成三個手指大小或四個三角形即可。

水芹蛋三明治

　　乳霜感的美乃滋將蛋和微辣的水芹結合在一起，成了適合堅果風味雜糧麵包的美味內餡。弗南的皮卡狄里茶是來自錫蘭的清爽調合，通常不搭配牛奶飲用，或是調成冰茶，和這種三明治是完美的組合（詳見124頁）。

可製作4份三明治

中型水煮蛋，放涼　4顆
美乃滋　4大匙
水芹　4大匙
室溫放軟的有鹽奶油　少許
切片雜糧麵包　8片
鹽以及現磨白胡椒

　　將蛋殼拍碎後剝殼。將蛋放入碗中，用一根叉子輕輕地壓碎。

　　加入美乃滋和一半份量的水芹。用鹽和少許白胡椒調味，攪拌均勻。

　　麵包上塗薄奶油，將蛋美乃滋均勻地抹在其中一半的麵包片上。鋪上剩下的水芹、蓋上麵包片。切邊，將每份三明治切成手指可拿的四個三角形即可。

雞肉佐香艾菊奶油三明治

　　帶有茴香風味的香艾菊和烤雞肉絕對是一則佳話。這種三明治本身就很美味，你也可以搭配弗南的頂級調味醬營造另一種層次的風味。

可製作4份三明治

室溫放軟有鹽奶油　25克

切碎新鮮香艾菊　2大匙

核桃麵包　8片

弗南梅森野禽調味醬（可不加）　4大匙

薄片烤雞肉　175克

　　將奶油和香艾菊混合均勻後抹在核桃麵包上。

　　假如要使用調味醬的話，塗薄在麵包表面，再鋪上雞肉薄片。

　　切邊，將每份三明治切成三個三角形即可。

Afternoon Tea

下午茶

　　是弗南梅森歷史悠久的傳統。源自於聖詹姆士的餐廳，這美妙的下午茶傳統由鹹點開始。弗南梅森最受歡迎的皇家調和茶風味強烈，適合所有的鹹點，由來自錫蘭和阿薩姆的低海拔花白毫調和而成。伯爵茶是另一種熱門選擇——佛手柑的柑橘香氣適合所有的三明治，尤其是雞肉佐香艾菊奶油口味。當選擇適合的茶搭配餐點時，可根據餐點風味的規則，用相同的特性配對。舉例來說，燻鮭魚的精緻口感適合煙燻風味的正山小種紅茶。您若偏好熱食，可以帶有堅果清香的弗南梅森祁門紅茶搭配威爾斯乾酪麵包享用。

威爾斯乾酪麵包

　　這款經典的茶點由伍斯特醬調味，加點紅椒增加熱度，再以弗南出色的英式芥末調配。我們受到了起司拼盤上起司與堅果組合的啟發，所以使用核桃麵包作為可口基底淋上濃郁的醬汁與餡料。

兩人份

有鹽奶油　25克

中筋麵粉　25克

溫牛　150毫升

熟成切達起司絲　75克
（再一點份量外）

伍斯特醬　適量

紅椒粉　一撮

弗南梅森熱英式芥末　1
茶匙

厚片胡桃麵包切片　2到
4片

中火加熱烤架。

　　平底鍋中融化奶油加入麵粉。鍋中混合物攪拌成泥，煮1到2分鐘。慢慢加入溫牛奶並攪拌均勻。燉一下直到變得濃稠狀。

　　拌入起司、伍斯特醬、紅椒粉以及芥末，並將平底鍋從爐子上移開。

　　在爐子上稍微將麵包兩面烤一烤，並將醬料分配在麵包上。表面撒上份量外的起司絲。

　　放在熱烤架上烤，直到呈現金黃色並且冒泡即可。

史帝爾頓乾酪
無花果塔佐核桃醬

　　這些精緻的小塔口味清淡但可口，是代替三明治的選擇，可搭配一壺弗南梅森調和下午茶。可以趁熱食用或是冷卻後以水芹嫩枝裝飾，再以烘烤過的核桃醬汁點綴。

全奶油酥脆派皮　275克

中筋麵粉　少許（作防沾粉使用）

有鹽奶油　25克

小顆洋蔥切丁　1顆

新鮮百里香嫩枝　1根（加上份量外的做裝飾用）

中型蛋　2顆

高脂鮮奶油（英式鮮奶油）　75毫升

現磨肉豆蔻

新鮮無花果，每顆都切成九片舟狀　2顆

捏碎的史帝爾頓乾酪　50克

鹽以及現磨黑胡椒

✿

醬汁

橄欖油　2大匙

核桃油　3大匙

紅酒醋　1大匙

烘烤過的核桃，大致切碎　25克

一束水芹

　　預熱烤箱至攝氏200度／華氏400度／瓦斯刻度6。工作檯上撒上厚厚一層的防沾麵粉，再將酥皮桿平。將六個10公分活動底盤烤模排在酥皮上。用模子切出一個個派皮底後冰鎮15分鐘。

　　在平底鍋上融化奶油。將洋蔥跟百里香嫩枝一起用小火煮15到20分鐘。

　　每個派皮上鋪上一張防沾烘焙紙，再用烤派豆壓在派皮上防止變形，烤10到15分鐘。將烤派豆跟烘焙紙取下，繼續烤5分鐘，直到派底烤乾，手摸不沾黏即可。將烤箱溫度降低至攝氏180度／華氏350度／瓦斯刻度4。

　　將百里香嫩枝取出，將洋蔥抹在派底上。準備一小碗，將蛋、奶油及所有調味料、鹽、黑胡椒及肉豆蔻打至均勻，倒入塔皮中。

　　每個塔上放三片無花果切片，撒上史帝爾頓乾酪。烤20至25分鐘直到呈現金黃色且煮透。從烤箱取出後放涼至少10分鐘。

　　將油、醋、核桃及香料攪拌均勻。每個小塔分裝在餐盤上，淋上醬汁並用水芹、少許百里香嫩枝裝飾。

Scones and Biscuits

司康與餅乾

司康

　　這些製作快速的小點心可追溯至西元一五○○年代，源自于蘇格蘭。司康原本的主原料是燕麥，長得圓圓扁扁，而且是在平底鍋上烤的而非烤箱。在十九世紀初時，貝德福公爵夫人安娜替她的下午茶點選了司康當作甜點組合的一部分，讓司康變成下午茶的重要角色（詳見第36頁）。在這份食譜中，白脱牛奶提供了甜美的香氣及清脆的口感。您若偏好鹹食，也可以選擇不放糖，改在麵粉中加入一小撮鹽。這些司康最美味的狀態就是剛烤好、還是溫熱的，直接從烤爐取出的當天，佐以凝脂奶油及果醬，但也可以放入密封保鮮盒存放至多一天。

大約製作14顆司康

未退冰的無鹽奶油，切丁　85克（加上份量外抹烤盤用）

自發麵粉，過篩　250克（加上份量外的撒粉用）

泡打粉　1茶匙

金砂糖　2大匙

白脱牛奶　150毫升

中型蛋　1顆

牛奶　少許

凝脂奶油及果醬，作抹醬用

　　預熱烤箱至攝氏220度／華氏425度／瓦斯刻度7。烤盤抹上一層薄奶油後貼上一張烘焙紙。

　　準備一大碗，將奶油丁揉入麵粉中直到混合物呈現麵包屑的狀態後，拌入泡打粉和糖。

　　再拿另一個碗，將白脱牛奶和蛋打散。在麵粉混合物中央挖個洞，由此倒入液體。用一把刀將所有原料切拌成一顆軟麵團。

　　麵團從碗取出，在沾滿粉的平台上輕輕擀麵，擀至2.5公分厚。用5公分的圓形模型切出一顆顆司康麵團，並將麵團放在烤盤上，表面刷上牛奶。

　　放入烤箱中烤15分鐘直到司康膨脹長高變成金黃色。取出，放置在烤架上冷卻。

　　司康可佐以凝脂奶油及果醬享用。

蒙哥馬利切達司康

英式芥末的刺激味帶出蒙哥馬利切達起司的香甜風味。這種司康要剛出爐享用，抹上少許奶油、放上一些水芹和份量外的起司絲。剛出爐新鮮享用是最好的，不過也可以放在密封保鮮盒存放至多一天。

大約製作15顆司康

未退冰的無鹽奶油，切
丁　40克（加上份量外抹烤
盤用）

自發麵粉，過篩　275克
（加上份量外的撒粉用）

泡打粉　1茶匙

蒙哥馬利切達起司，切
絲　75克（還要些份量外
搭配享用）

白脫牛奶　200毫升

中型蛋　1顆

弗南梅森熱英式芥末　1
茶匙

鹽　1撮

牛奶　少許

奶油和水芹，搭配用

預熱烤箱至攝氏220度／華氏425度／瓦斯刻度7。烤盤抹上一層薄奶油後貼上一張烘焙紙。

準備一大碗，將奶油丁揉入麵粉中直到混合物呈現麵包屑的狀態後，拌入泡打粉和起司。再拿另一個碗，將白脫牛奶、蛋和芥末以及一撮鹽打散。在麵粉混合物中央挖個洞，由此倒入液體。用一把刀將所有原料切拌成一顆軟麵團。

麵團從碗取出，在沾滿粉的平台上輕輕擀麵，擀至2.5公分厚。用5公分的圓形模型切出一顆顆的司康麵團，並將麵團放在烤盤上，表面刷上牛奶。

放入烤箱中烤15分鐘直到司康膨脹長高變成金黃色。取出，放置在烤架上冷卻。

蔓越莓檸檬司康

蔓越莓的微酸及檸檬的清爽在這款水果司康中結合，產生天堂般的美好滋味。撒上一小撮的肉桂又增加了點暖度。這款司康適合趁新鮮享用，最好是剛出爐，剝開後抹上少許奶油，不過也可以放在密封保鮮盒存放至多一天。

製作14顆

未退冰的無鹽奶油，切丁 85克（加上份量外抹烤盤用）

自發麵粉，過篩 250克（加上份量外撒粉用）

泡打粉 1茶匙

金砂糖 2大匙

乾燥蔓越莓，切碎 50克

檸檬皮絲 1顆

肉桂粉 1/2茶匙

白脫牛奶 150毫升

中型蛋 1顆

牛奶 少許

預熱烤箱至攝氏220度／華氏425度／瓦斯刻度7。烤盤抹上一層薄奶油後貼上一張烘焙紙。

準備一大碗，將奶油丁揉入麵粉中直到混合物呈現麵包屑的狀態後，拌入泡打粉、糖、蔓越莓、檸檬皮絲以及肉桂粉。再拿另一個碗，將白脫牛奶和蛋打散。在麵粉混合物中央挖一個洞，由此倒入液體。用一把刀將所有原料切拌成一顆軟麵團。

麵團從碗取出，在沾滿粉的平台上輕輕擀麵，擀至2.5公分厚。用5公分的圓形模型切出一顆顆司康麵團，並將麵團放在烤盤上，表面刷上牛奶。

放入烤箱中烤大約15分鐘直到司康膨脹長高變成金黃色。取出，放置在烤架上冷卻。

果醬餅乾

　　這些一口小點心有著甜果醬內餡，以及加入額外的杏仁粉、榛果粉產生的酥脆口感。

大約製作16片

室溫軟化的無鹽奶油　75克（加上份量外抹烤盤用）
金砂糖　60克
中型蛋黃　1顆
杏仁粉　15克
榛果粉　15克
中筋麵粉，過篩　100克（加上份量外防沾用）
弗南梅森玫瑰花瓣醬或是覆盆子果醬　大約16茶匙

　　烤箱預熱至攝氏170度／華氏325度／瓦斯刻度3。烤盤抹上一層薄奶油後貼上一張烘焙紙。

　　拿一大碗，將奶油、砂糖、蛋黃用木匙打散。拌入堅果粉類及麵粉製作硬麵團。從麵團中捏出大約核桃大小的小麵團並揉成圓形，排在烘焙紙上。

　　將每顆圓麵團壓平，木匙沾點粉，每片餅乾中央挖出一個洞。用茶匙挖取您喜好的果醬，分別填入餅乾中。

　　餅乾烤大約30分鐘直到呈現金黃色。取出後在烤架上放至冷卻，存放在密封罐中可放至多三天。

黃金脆片餅乾

我們在這食譜中加了一撮薑。這樣的味道十分地淡雅，但足以提出食材的甜味。

大約製作22片餅乾

無鹽奶油　110克（加上份量外抹烤模用）

中筋麵粉，過篩　125克

搗碎的燕麥　100克

薑粉　1撮

泡打粉　1/4茶匙

紅糖　175克

金黃糖漿　1大匙

烤箱預熱至攝氏180度／華氏350度／瓦斯刻度4。兩張平烤盤上抹上一層薄奶油。

準備一大碗並混合乾的材料，在混合物中挖個洞。在平底鍋中將奶油、糖、金色糖漿融化，加入一大匙冷水。

將液體混合物倒入乾混合物中央的洞，用木匙混合成麵團。用大匙從麵團中挖出小球，放在烤盤上並壓平。

烤12到15分鐘直到呈現金黃色。取出後在烤架上放至冷卻，存放在密封罐中可放至多三天。

玫瑰餅乾

此款餅乾加入了玫瑰水，鑲上晶糖玫瑰花瓣，宛如夏日般的香氛氣息。

大約製作20片餅乾

室溫軟化的無鹽奶油　100
克（加上份量外塗抹用）

金砂糖　50克

玫瑰水　1大匙

中筋麵粉，過篩　100克

杏仁粉　50克

晶糖玫瑰花瓣，切碎　15克

烤箱預熱至攝氏180度／華氏350度／瓦斯刻度4。兩張平烤盤上抹上一層薄奶油。

在一大碗中混合奶油、糖及玫瑰水呈現乳霜狀。加入麵粉、杏仁粉及玫瑰瓣，全部混合成一個麵團。

沾了粉的大湯匙從麵團中挖出球，一個個放置在烤盤上後壓平。

放入烤箱中烤15至20分鐘直到呈現金黃色。取出後在烤架上放至冷卻，存放在密封罐中可放至多三天。

夏威夷果及蜜漬糖薑餅乾

　　兩種糖的組合讓這款美味的餅乾外酥內軟有點嚼勁。夏威夷果讓餅乾有濃郁的香氣及口感，糖薑則帶來一口異國風情。

大約製作30片餅乾

無鹽奶油　100克
黃砂糖　100克
金砂糖　85克
中型蛋　1顆
中筋麵粉，過篩　175克
泡打粉　1/2茶匙
薑粉　1茶匙
夏威夷果　100克
蜜漬糖薑，瀝乾切碎　3球
蜜漬糖薑的糖漿　1大匙

　　烤箱預熱至攝氏180度／華氏350度／瓦斯刻度4。兩張平烤盤上鋪烘焙紙。

　　拿一大碗，將奶油、糖和蛋打至呈現柔軟乳霜狀。加入麵粉、泡打粉、薑粉、堅果類、剁碎的糖薑以及糖漿，所有材料混合。

　　將其中一半的麵團用大湯匙挖取小球壓平，放在烤盤上烤12至15分鐘直到邊緣呈現金黃色。取出後在烤盤上冷卻幾分鐘，再用刮刀將餅乾移出烤盤，在烤架上完全冷卻。剩下的麵團重複以上的動作。完全冷卻後，可以放置於密封罐保存至多五天。

弗南經典奶油酥餅

這份食譜的祕密配方就是在來米粉——在來米粉帶給酥餅美妙的酥脆口感。要小心不要過度揉麵，否則奶油會出油，讓餅乾的成品過度油膩。

製作14條

無鹽奶油，軟化　150克
（加上份量外塗抹用）

金砂糖　60克（加上份量外裝飾用）

中筋麵粉，過篩　150克

在來米粉　60克

預熱烤箱至攝氏150度／華氏300度／瓦斯刻度2。在17公分的方形烤盤上抹上薄層奶油。

在一大碗中混合奶油和糖至乳霜狀。加入麵粉和在來米粉，用木匙將所有材料混合成泥狀。輕輕擀一下。

將混合物放入烤盤中，用湯匙背面將麵團表面整平。用餐刀在中間劃下垂直的線，再劃水平的六條線，產生14條餅乾。用叉子在每個餅乾表面上戳小洞。

烤大約30分鐘，從烤箱中取出後再劃記一次。再放回烤箱烤30分鐘直到烤熟。

取出後，再劃記一次，並撒上砂糖。在烤模中冷卻大約30分鐘後，將其切成條狀並小心地從烤模中取出。餅乾放置在烤架上徹底冷卻，可以放置於密封罐保存至多三天。

佛羅倫斯杏仁酥餅

這款焦糖餅乾味道濃郁，充滿果香且鑲著堅果，在來米粉則賦予其口感。烤完後，其中一面浸泡在黑巧克力中，巧妙搭配太妃的香甜。趁新鮮享用是最好的。

大約製作22片餅乾

杏仁　25克

榛果，切碎　25克

無籽葡萄乾　25克

橙皮片　大約25到30克，切碎1片

在來米粉　20克

中筋麵粉　40克

金黃糖漿　2大匙

金砂糖　50克

無鹽奶油　50克

比利時黑巧克力，可可含量50%以上　200克

烤箱預熱至攝氏180／華氏350度／瓦斯刻度4。兩張平烤盤上鋪烘焙紙。

將杏仁片、榛果、無籽葡萄乾以及橙皮放入碗中。加入兩種粉。將所有食材混合。

黃金糖漿、金砂糖及奶油在平底鍋中小火炖煮並讓奶油融化砂糖。

將以上的液體倒入乾的混合物中，快速攪拌所有材料。

半個大湯匙的量挖出適當的餅乾麵團，在烤盤上排出適當的間距。大約烤12分鐘直到邊緣呈現金黃色。假若有餅乾黏在一起，用小刀輕輕地將邊緣劃開即可。在烤盤上冷卻，用刮刀小心地將餅乾取出並放在烤架上冷卻。

將一半份量的巧克力在碗中隔水加熱融化，要確定放置巧克力的碗底部不要碰到熱水。用湯匙舀一點巧克力在佛羅倫斯杏仁酥餅上，並用刀子將巧克力從中心抹到邊緣且平整。放置一邊備用。

將剩下的巧克力用一樣的方式融化，抹在第一層的巧克力上方。放置等冷卻，當巧克力變黏稠時，用叉子在底部畫出花紋。放涼即可。

摩卡酥餅

這款餅乾的製作鐵則跟經典酥餅是一樣的——必須將所有材料融合製作麵團泥。黑巧克力和弗南頂級咖啡粉的組合,讓小圓酥餅有獨特濃郁的風味。

可製作16片餅乾

無鹽奶油,軟化　125克
（加上份量外塗抹用）

金糖粉　40克

黑巧克力,可可含量70%
以上,切碎　25克

弗南梅森桑德令罕研磨咖啡　1/2大匙

中筋麵粉,過篩　125克

在來米粉　40克

裝飾用金砂糖　少許

預熱烤箱至攝氏150度／華氏300度／瓦斯刻度2。烤盤上抹上薄層奶油。

在一大碗中混合奶油和糖至乳霜狀。拌入黑巧克力和咖啡再加入麵粉和在來米粉。

從麵團中用湯匙挖出大約核桃大小的小麵團並揉成圓形,排在烘焙紙上壓平,再用木匙尾端在餅乾邊緣壓出花紋。放置5分鐘。

放入烤箱烤30分鐘。在烤架上冷卻,撒上金砂糖,放置於密封罐保存至多三天。

Small Cakes
and
Fancies

小蛋糕與小點心

瑪德蓮

　　普魯斯特（Proust）在《追憶似水年華》（Remembrance of Things Past）中，讓這些法國貝殼狀的小點心成為永恆佳作。記得要在烤盤上抹上厚層的奶油和麵粉才能順利脫模，並且像法國人那樣享用瑪德蓮——沾茶吃！放置在密封保鮮罐中並在兩天內享用完畢。

可做12份

無鹽奶油，融化後讓其冷卻　80克（加入份量外塗抹用）

自發麵粉，過篩　80克（加入份量外撒粉用）

金砂糖　80克

中型蛋　2顆

泡打粉　1/2茶匙

檸檬皮絲　1顆

　　預熱烤箱至攝氏190度／華氏375度／瓦斯刻度5。將12個瑪德蓮的烤盤大量地抹上奶油，並撒上麵粉。

　　將砂糖跟蛋在碗中打散直到呈現濃厚乳霜狀。在另一個碗中，混合麵粉跟泡打粉。糖蛋混合液中加入一半的奶油和一半的粉類混合。混合均勻後再加入剩下的奶油和麵粉以及檸檬皮，小心地將材料混合均勻。

　　將麵團分成12份倒入烤模中，烤大約10分鐘後呈現金黃色。放置於烤架上冷卻。

Tea Ceremonies

茶的儀式

全世界人都喝茶，但在一些國家，如中國和日本，茶是他們文化中心的儀式之一。

茶道這一詞在中國是指準備茶的藝術，包括在陶茶壺中煮茶葉的步驟。茶葉先在壺中以少許熱水浸泡。根據茶種的不同，有時是為了去除茶葉上的粉塵或是軟化茶葉得以完整釋放香氣。茶葉泡開，加入熱水後——並非滾水，否則會影響成果——開始泡茶。傳統上來講，茶必須倒入小瓷杯中，並只能倒半滿。中國人認為，留下的半杯是人情。每個客人都有各自的茶杯後，品茗習慣是先聞香，再將茶倒入飲用的茶杯，小酌三口。倒茶者必須確保每杯茶味道一致。

日本茶的禮儀，茶湯（茶の湯）受到佛教影響。茶湯通常在木或竹茶間舉行，規矩繁複，包括入室前須保持心平氣和，必須從特定的杯緣入口，放下茶杯時須角度一致置於飲者前方。這是一種沉澱心靈的體驗。

藍莓香草費南雪

關於這濕潤杏仁蛋糕的名字有兩種說法。有人認為，因為這糕點在巴黎的金融區（證券交易）很受歡迎；其他人則認為因為蛋糕的烤模是長方體看起來就像金條一般。放置在密封保鮮罐中並在三天內享用完畢。

可製作9份

無鹽奶油，融化後讓其冷卻　125克（加入份量外塗抹用）

馬達加斯加香草莢　1枝

糖粉　140克（加上份量外）

中型蛋白　4顆

中筋麵粉，過篩　50克

杏仁粉　90克

檸檬皮　1顆

藍莓　1把

預熱烤箱至攝氏190度／華氏375度／瓦斯刻度5。將烤模抹油以及在九孔烤盤上鋪上烘焙紙。

將香草莢對半切開。用刀或湯匙將香草籽刮出，加入糖粉中。

準備一大碗，打入蛋白直到呈泡沫狀。加入糖粉混合、麵粉、杏仁粉和檸檬皮並小心地將所有材料拌勻。

用湯匙將麵糰舀入準備好的烤模，並將3到4顆藍莓分別壓入每個小蛋糕中。烤20分鐘直至金黃，用竹籤插蛋糕拔出後不沾黏即可。

從烤箱取出後，在烤盤中冷卻5分鐘再放入烤架上。上桌前撒上糖粉裝飾。

鮮奶油覆盆子閃電泡芙

這款小點心是以花結酥皮（choux pastry）製成，是一種做法快又簡單的麵團。加入蛋時必須仔細確認只加讓麵團夠滑亮的量即可。若蛋過量會導致閃電泡芙口感過硬。

可製作8份

無鹽奶油，切丁　40克
水　100毫升
中筋麵粉，過篩　50克
大型蛋打散　1顆

裝飾糖霜和內餡

未精製糖粉　50克，加1大匙
高脂鮮奶油（英式鮮奶油）　150毫升
覆盆子　1把

烤箱預熱至攝氏200度／華氏400度／瓦斯刻度6。烤盤上鋪烘焙紙。

將奶油和水放入小平鍋中。水慢慢煮滾，讓奶油融化。當滾得越來越快時，加入麵粉並且快速地將所有材料打勻。將鍋子移開火爐，放置冷卻。

慢慢加入蛋，並攪拌直到滑順且柔亮。用湯匙舀入擠花袋，搭配口徑1.5公分的擠花嘴，在烘焙紙上擠出八個長度6公分的麵團。

放入烤箱烤30分鐘。將閃電泡芙從烤箱取出，在泡芙側邊用利刃戳小洞，再放回烤箱烤5分鐘烤泡芙內部。烤完後取出，放烤架冷卻。

過篩125克的糖粉，倒入碗中後淋上滾水——水量讓糖粉能變得沙沙的黏稠狀即可。將每顆閃電泡芙中間水平切開並用小湯匙挖除不熟的部分。將泡芙底部先放一邊。用一把刀將糖霜抹在泡芙的上蓋。

鮮奶油在碗中打至濃厚。加入一大匙的糖粉攪拌。將鮮奶油混合物用湯匙填入泡芙底部並放上覆盆子。蓋上泡芙蓋子後裝盤，立即享用。

草莓鮮奶油杯子蛋糕

蛋糕體跟奶油糖霜中都加入一兩匙的高脂鮮奶油，讓這款精美的蛋糕味道純粹濃郁。

可製作12個蛋糕

室溫軟化無鹽奶油　125克

金砂糖　125克

中型蛋　2顆

自發麵粉，過篩　125克

泡打粉　1茶匙

高脂鮮奶油（英式鮮奶油）　2大匙

草莓醬　4大匙

裝飾

奶油　75克

糖粉　200克（外加額外份量）

高脂鮮奶油（英式鮮奶油）　2大匙

裝飾用新鮮草莓

烤箱預熱至攝氏180度／華氏350度／瓦斯刻度4。準備一組能烤12個杯子蛋糕的烤盤以及同數目的烤紙杯。

準備一大碗，將奶油、糖和蛋打至呈現柔軟乳霜狀。慢慢加入蛋液，若混合液看起來像是要結塊了則再加入一點麵粉。

將剩下的麵粉、泡打粉及鮮奶油拌入。將一半份量的蛋糕液分別倒入蛋糕紙杯中。舀入一小匙的果醬在杯子蛋糕的蛋糕液中央。將剩下的蛋糕液分別倒入杯子蛋糕中。

放入烤箱烤15到18分鐘直到色澤金黃且成固態。放在烤架上冷卻。

將奶油和糖粉打勻再加入高脂鮮奶油一起打發製作奶油糖霜。

用湯匙將一部分的糖霜放在已冷卻的杯子蛋糕上，用刮刀抹平。重複剩下的動作完成所有的杯子蛋糕。

杏仁玫瑰瓣方塊蛋糕

這款精美的杏仁小點包覆在酥皮麵團中，弗南梅森淡雅的玫瑰花瓣醬將其合而為一。這樣的組合讓下午茶更是錦上添花。保存在密封罐中能放至多一天。

可製作16塊方塊

酥皮麵團　175克
中筋麵粉，撒粉用
弗南梅森玫瑰花瓣醬　4大匙
糖粉　100克
杏仁粉　100克
大型蛋蛋白　2顆
杏仁碎片　35克

預熱烤箱至攝氏190度／華氏375度／瓦斯刻度5。在撒上少許麵粉的工作檯上擀開酥皮，並鋪在17公分的方形烤盤上。烤盤不需要抹油。

用叉子在酥皮上戳滿小洞，均勻抹上玫瑰醬。

將糖粉和杏仁粉在碗中混合。另一個大又乾淨、完全沒有油的碗中，打蛋白直到蛋白霜立挺，再拌入杏仁糖粉混合物。

將此蛋白霜鋪在派皮上再撒上杏仁碎片。放入烤箱中烤大約1小時直到呈現金黃色且摸起來是硬的。在烤盤中放涼，再切成方塊享用即可。

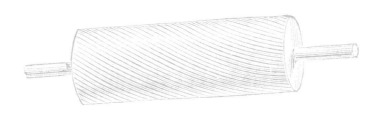

夏威夷果白巧克力布朗尼

　　布朗尼的特色就是蛋糕體中心要柔軟濕潤，這樣的口感是透過將蛋跟糖打至慕斯狀，並且烘烤時只將頂部烤脆。注意不要烤過頭了，不然就會失去油脂豐厚的口感，變成普通的蛋糕。

可製作25份

黑巧克力，可可成分至少
50%　200克

無鹽奶油　175克

大型蛋　3顆

黃砂糖　225克

中筋麵粉，過篩　100克

夏威夷果，烘烤過切
碎　100克

白巧克力，切碎　100克

可可粉，裝飾用

　　烤箱預熱至攝氏180度／華氏350度／瓦斯刻度4。準備一個20公分的正方蛋糕模鋪上烘焙紙。

　　將巧克力和奶油隔水加熱融化，注意隔水加熱的碗底部不要碰到水。

　　拿一大碗，將蛋、糖打在一起直到呈現厚實的泡沫狀——這個步驟需要8到10分鐘。

　　加入融化的巧克力混合、麵粉、堅果以及白巧克力，小心地將所有材料混合。將蛋糕液倒入烤盤中烤25分鐘，直到蛋糕表面凝固且觸碰時感覺有點彈性。放在烤盤中放涼。

　　布朗尼表面撒上可可粉，切成方塊狀裝盤。剩下的布朗尼要放在密封罐中，至多放五天。

蛋白霜餅
佐英式鮮奶油及檸檬蛋黃醬

蛋白霜餅是一種特別的甜食，吃起來不只是蛋白霜而已。口感清脆又有點嚼勁，非常適合夾入打發的奶油及檸檬蛋黃醬。可以配上一杯淡茶，像是弗南梅森的祁門紅茶。

可製作6份

大蛋白　3顆

金砂糖　175克，加上一大匙增加甜度

高脂鮮奶油（英式鮮奶油）　300毫升

檸檬蛋黃醬　4大匙（做法詳見第121頁）

烤箱預熱至攝氏130度／華氏275度／瓦斯刻度1/2。兩張烤盤上鋪烘焙紙。

在一個完全乾淨無油的碗中，將蛋白打發直到蛋白呈現堅挺的蛋白霜泡沫狀。慢慢加入糖，繼續打直到看起來有光澤。

用兩支甜點湯匙挖取蛋白霜並且壓成橢圓形，放置在烤盤上，總共能製作12個蛋白霜餅。放入烤箱烤1小時直到蛋白霜呈現金黃色且從紙上脫離。將烤好的蛋白霜繼續放在烤箱待涼，讓蛋白霜繼續悶煮直到外部烤乾，內部仍保持有嚼勁的美味口感。

將鮮奶油打發拌入一大匙糖。加入檸檬蛋黃醬稍微攪拌一下，利用檸檬蛋黃醬的黃色做出大理石的花紋。將鮮奶油裝盤時放在蛋白霜餅旁邊，讓客人能夠自己沾來享用。

梅子杏仁小塔

這一道小甜糕餅，有著酥脆的底座，包著讓人一口接著一口奶油杏仁餅內餡的小塔。烤之前將切片的熟成梅子擠入杏仁泥中，烤完後用弗南著名的果醬刷出鏡面效果。

可製作12份

派皮
無鹽奶油，未退冰切丁　50克

中筋麵粉，過篩　100克
（加上份量外撒粉用）

金砂糖　1大匙

大型蛋黃　1顆

內餡
軟化奶油　50克

粗砂糖　50克

杏仁粉　50克

中型蛋，打散　1顆

梅子切片　2顆

弗南梅森的弗梅森果醬　2大匙

預熱烤箱至攝氏190度／華氏375度／瓦斯刻度5。

先製作派皮。將奶油丁揉入麵粉中直到混合物呈現麵包屑的狀態。拌入糖、蛋黃以及2大匙的冷水，擀成麵團。靜置10分鐘。

在撒上少許麵粉的平台上將派皮擀平，用一個7公分的圓形切模切出12個圓餅。放入12個杯子蛋糕模型中。烤模不需抹油。

將奶油、糖、杏仁打至混合，再加入適量的蛋製作乳霜感。將液體分裝在每個小圓餅上。每個小餅上壓入一片梅子，放入烤箱烤20分鐘直到派皮呈現金黃色、奶油杏仁內餡烤熟為止。

將果醬微熱後刷在所有小塔的表面即可。

Caffeine in Tea

茶的咖啡因

　　沒有什麼比來一杯茶更能夠提神的了。所有的茶都含有咖啡因，但是不到一半的咖啡含有等量的咖啡因。除此之外，在餐後來一杯茶更能幫助消化促進腸胃蠕動。

　　若您偏好淡茶，弗南的各種綠茶和白茶是無人可匹敵的。溫和甘醇的綠茶是來自於茶樹上最嫩的枝葉。這些茶在處理的過程避免任何的發酵階段。不少人認為喝綠茶能夠讓身體健康、身心愉快。白茶的精緻風味則是所有茶葉中氧化程度最小的，因為完全沒有發酵且只有簡單地蒸青過。正是這樣的製作法，不少人因此認為綠茶是對健康有利的。

　　若有人想要避免任何一丁點的咖啡因，可以選擇弗南梅森的皇家無咖啡因茶。這款無咖啡因茶是根據愛德華七世在一九○二年夏天調和的著名版本。這款茶由阿薩姆及一點錫蘭，創造出順口、幾乎像蜂蜜口感的茶水，而且一天的任何一個時段都適合飲用。弗南使用了最新最好的去咖啡因法，只使用天然地二氧化碳去除咖啡因，不讓成品失去該有的風味。

酸奶巧克力杯子蛋糕

深色、濃郁、十分令人上癮，這道蛋糕以無糖可可粉為底，成了蛋糕最有深度的精華風味。若您喜歡的話，可以用擠花袋擠出糖霜，或是使用刮刀抹上，再用白巧克力點綴。

可製作12份

軟化無鹽奶油　125克
金砂糖　125克
中型蛋　2顆
自發麵粉，過篩　100克
可可粉，過篩　25克
牛奶　少許

❀

裝飾

軟化奶油　25克
酸奶　75克
糖粉　150克
可可粉，過篩　40克
白巧克力，刨絲　25克

烤箱預熱至攝氏180度／華氏350度／瓦斯刻度4。準備一組能烤12個杯子蛋糕的烤盤以及同數目的烤紙杯。

準備一大碗，將奶油、糖和蛋打至呈現柔軟絨毛狀。慢慢加入蛋液，若混合液看起來像是要結塊了則再加入一點麵粉。

將剩下的麵粉、可可粉及少許牛奶拌入做出黏稠感。將一半份量的蛋糕液分別倒入蛋糕紙杯中。

放入烤箱烤20分鐘直到色澤金黃且成固態。放在烤架上冷卻。

將奶油跟酸奶打散，加入糖粉及可可粉做出濃厚的糖霜。

將一些巧克力甘納許（ganache，由巧克力和鮮奶油組成的一種柔滑奶油）淋在冷卻的杯子蛋糕上並用刮刀抹平。用白巧克力裝飾即可。

Classic Cakes
and
Gâteaux

經典蛋糕和
法式蛋糕

如何搭配茶與蛋糕

在弗南梅森，我們相信茶與蛋糕的搭配就跟食物必須搭配酒一樣重要。如同一般來說，味道強烈的紅肉必須搭配香醇紅酒，類似的規則也可以用於茶跟蛋糕。相似味道的聯姻能夠讓茶與蛋糕互補，甚至增強對方的優點。

您若偏好濃茶，不妨試試弗南梅森皇家調和茶配上一片經典沙赫蛋糕（詳見第97頁）。濃厚、滑順、有著麥香的茶味適合一樣濃郁的巧克力蛋糕。然而，您若偏好司康，試著配上弗南梅森阿薩姆極品茶。味道簡樸的經典午茶小點（詳見第54頁），無論是抹上凝脂牛奶、果醬或奶油，都很適合這款道地印度茶。

淡茶更適合搭配精緻甜點。弗南祁門茶，帶有一點堅果香氣做基底，適合與檸檬蛋黃醬蛋白霜一起享用（詳見第81頁）。您若偏好白茶，如弗南得獎雲南白茶，可搭配夾著鮮奶油與覆盆子的閃電泡芙（詳見第74頁）或是草莓鮮奶油杯子蛋糕（詳見第76頁）。

散發煙燻、燻香或香料風味的茶與有著香料的點心是完美組合。您若偏好弗南梅森煙燻伯爵茶，由佛手柑和一些正山小種及珠茶葉調和而成，可以嘗試與第106頁提及的蜂蜜葡萄乾胡桃茶蛋糕一起享用。玫瑰包種茶的花香搭配第113頁的薰衣草蜂蜜蛋糕會是十分美味的組合。

馬德拉蛋糕

　　馬德拉蛋糕是一款惹人愛的海綿蛋糕，其食譜純粹只靠檸檬皮提味。上桌前豪邁地撒下粗砂糖可以幫蛋糕做出甜甜脆脆的表皮。蛋糕的名字源自於十九世紀的傳統，上蛋糕時會配上一杯馬德拉酒或是其他甜葡萄酒。

可製作10份

室溫軟化的無鹽奶油──225克（加上份量外抹油用）

金砂糖──200克（加上份量外撒在蛋糕上）

香草精──1大匙

大型蛋──3顆

中筋麵粉，過篩──75克

自發麵粉，過篩──175克

檸檬皮刨絲──1顆

　　烤箱預熱至攝氏170度／華氏325度／瓦斯刻度3。準備一個可烤900克長形蛋糕烤模，抹油，鋪上烘焙紙。

　　準備一大碗，用電動打蛋器將奶油、糖、香草精打勻。慢慢倒入蛋液，若混合液看起來像是要結塊了則再加入一匙麵粉。

　　用金屬湯匙拌入剩下的中筋麵粉、自發麵粉跟檸檬皮。將蛋糕液舀入準備好的蛋糕模，表面撒上份量外的砂糖，烤1小時，直到竹籤插入蛋糕不沾黏即可。

　　在烤架上放置冷卻。要保存時，用保鮮膜緊緊包好，放入密封盒，可保存至多三天。

維多利亞海綿蛋糕

這款經典蛋糕以維多利亞女王命名，通常只有簡單的果醬內餡，不過若是想要更澎湃的甜點，可以在果醬上再抹上打好的高脂鮮奶油或是奶油糖霜。

可製作12份

室溫軟化的無鹽奶油—200克（加上份量外抹油用）

金砂糖—200克（加上份量外撒在蛋糕上）

中型蛋—4顆

自發麵粉，過篩—200克

泡打粉—1茶匙

弗南梅森草莓醬 4大匙

糖粉—少許（撒在蛋糕上）

預熱烤箱至攝氏190度／華氏375度／瓦斯刻度5。準備兩個20公分圓型蛋糕烤模，抹油，鋪上烘焙紙。

準備一大碗將糖和奶油打發呈絨毛狀。慢慢倒入蛋液，若混合液看起來像是要結塊了則再加入一匙麵粉。

用金屬湯匙拌入剩下的麵粉、泡打粉，混合均勻後分別倒入兩個烤模。放入烤箱烤25分鐘直到蛋糕膨脹長高，呈現金黃色且觸摸時已凝固不沾黏。

蛋糕脫模後放在烤架上冷卻。撕開烘焙紙，將其中一片蛋糕抹上果醬，再將另一片蛋糕蓋上去。蛋糕表面撒上糖粉，即可享用。

咖啡核桃蛋糕

這款輕海綿蛋糕滾著咖啡邊撒上核桃碎粒，以奢華的奶油糖霜裝飾，撒上堅果。配上濃茶，如弗南阿薩姆極品茶。具有順口麥芽風味的茶特別適合這款濃郁蛋糕。存放在密封盒放置在蔭涼處可保存至多三天。

可製作12份

室溫軟化的無鹽奶油—225克（加上份量外抹油用）

金砂糖—225克

大型蛋—4顆

自發麵粉，過篩—225克

泡打粉—1茶匙

核桃，切碎—50克

濃縮咖啡液—1大匙

裝飾

室溫軟化的無鹽奶油—100克

金糖粉，過篩—300克

濃縮咖啡液—2到3茶匙

牛奶—2大匙

核桃，切碎—40克

預熱烤箱至攝氏190度／華氏375度／瓦斯刻度5。準備兩個20公分圓型蛋糕烤模，抹油，鋪上烘焙紙。

準備一大碗將糖和奶油打發呈絨毛狀。慢慢倒入蛋液，若混合液看起來像是要結塊了則再加入一匙麵粉。

用金屬湯匙拌入剩下的麵粉、泡打粉、核桃跟濃縮咖啡液，混合均勻後分別倒入兩個烤模。放入烤箱烤20分鐘直到蛋糕膨脹長高，呈現金黃色且觸摸時已凝固不沾黏。

蛋糕脫模後放在烤架上冷卻。

將奶油以及一半的糖粉打至乳霜狀。加入剩下的糖、濃縮咖啡液並繼續打到絨毛狀。

將蛋糕上的烘焙紙撕開，將其中一片蛋糕抹上一半的咖啡奶油糖霜。將另一片蛋糕蓋在上面，並將剩下的奶油糖霜均勻地抹在蛋糕表面。蛋糕邊緣撒上核桃碎片，蛋糕切片，享用。

巧克力香橙大理石蛋糕

這款厚實蛋糕有著巧克力和橘子的香氣，外面裹上厚厚一層巧克力糖霜。將兩種口味的蛋糕體在烤模混合、畫大理石紋路時，竹籤必須穿透到兩種口味才能夠畫出完美的紋路。

可製作10份

室溫軟化的無鹽奶油—200克（加上份量外抹油用）

金砂糖—200克（加上份量外撒在蛋糕上）

大顆蛋—3顆

自發麵粉，過篩—200克

泡打粉—1平茶匙

橘子皮和汁—1顆

可可粉，過篩—45克

裝飾

黑巧克力，可可含量至少50%，敲碎—100克

奶油，切碎—35克

預熱烤箱至攝氏190度／華氏375度／瓦斯刻度5。準備一個可烤900克長形蛋糕烤模，抹油，鋪上烘焙紙。

準備一大碗，用電動打蛋器將奶油、糖打發至乳霜狀。

慢慢倒入蛋液，若混合液看起來像是要結塊了則再加入一匙麵粉。用金屬湯匙拌入剩下的麵粉、泡打粉、橙皮、橙汁。

將麵糊一分為二放入兩個不同的碗，其中一盆拌入可可粉。準備好烤模，用湯匙挖取雙色麵糊，輪流滴入烤模中。用竹籤徹底穿透麵糊畫出紋路。

放入烤箱烤50到60分鐘，直到竹籤插入蛋糕中心不沾黏。蛋糕脫模後放在烤架上冷卻。

等到蛋糕徹底冷卻，開始裝飾。將巧克力和奶油隔水加熱，確定盆底不要碰到熱水。融化後，攪拌均勻。將巧克力液淋在蛋糕上，放置大約1小時。將蛋糕放入密封保鮮盒可存放至多四天。

脆糖櫻桃蛋糕

這款好似來自天國的長條蛋糕，有著琥珀般糖漬的櫻桃加上帶有油脂香氣的松子。將部分的麵粉以杏仁粉取代讓蛋糕口感更加鬆軟。

可製作10份

室溫軟化的無鹽奶油—175克（加上份量外抹油用）

普羅旺斯糖漬櫻桃，瀝乾切片—200克

松子—50克

檸檬皮和汁—1顆

杏仁粉—100克

金砂糖—175克

大顆蛋，打散—3顆

中筋麵粉，過篩—200克

泡打粉—1/2茶匙

方糖，捏碎—50克

烤箱預熱至攝氏170度／華氏325度／瓦斯刻度3。準備一個可烤900克長形蛋糕烤模，抹油，鋪上烘焙紙。

將櫻桃、松子、檸檬皮跟杏仁粉放入碗中。

準備另一個大碗，將奶油和糖打散直到顏色偏白且呈現絨毛狀，慢慢加入蛋液。用金屬湯匙拌入過篩的麵粉和泡打粉，再來是櫻桃和堅果，最後加入檸檬汁，做出黏稠感。

將蛋糕體倒入烤模，將表面整平。表面撒上捏碎的方糖，烤大約一個半小時直到竹籤插入蛋糕不沾黏。蛋糕脫模後在烤架上待涼。

沙赫蛋糕

弗南的沙赫蛋糕食譜可追溯到一九五○年代，當時店面由加菲・威斯頓（Garfield Weston）買下。威斯頓先生不喜歡蛋糕有果醬夾心，所以維也納沙赫酒店的蛋糕食譜能夠滿足他的需求。至此之後就沒有果醬了。這裡我們提供傳統的沙赫蛋糕食譜。

可製作12 份

室溫軟化的無鹽奶油—150克（加上份量外抹油用）

剁碎的黑巧克力，可可含量至少50%以上—200克

金砂糖—125克

中型蛋，蛋白分離—6顆

中筋麵粉，過篩—125克

🍩
裝飾
黑巧克力—200克

高脂鮮奶油—175毫升

甘油—2茶匙

杏桃醬　3大匙

烤箱預熱至攝氏180度／華氏350度／瓦斯刻度4。準備一個20公分的蛋糕烤模鋪上烘焙紙。

將巧克力隔水加熱融化，注意鍋底不要碰到熱水。融化後稍微冷卻。

準備一大碗，將奶油及100克糖打散。拿另一個碗，將蛋白打發，再打入剩下的糖。將蛋黃拌入奶油糖混合物。

將巧克力跟麵粉也加進去。小心地攪拌，確保不要太多的空氣跑出去。慢慢拌進打發蛋白中。

將蛋糕體倒入烤模烤45到50分鐘。要確認蛋糕是否烤熟，在中央插入一根竹籤，不要沾黏即可。蛋糕脫模後在烤架上待涼。

將巧克力、高脂鮮奶油和甘油放入鍋中隔水加熱融化，注意鍋底不要碰到水。當巧克力融化時，小心地攪拌。

將蛋糕表面的烘焙紙撕掉。用刀子將蛋糕從中間橫剖一分為二，在下層的蛋糕表面抹上杏桃醬。將上層蛋糕蓋上後，整塊蛋糕放在烤架上。將巧克力液體倒在蛋糕表面並且包覆住蛋糕，可用刮刀控制流向跟流量。蛋糕放置大約2小時冷卻凝固。蛋糕可保存在密封保鮮盒中，放置陰涼處。四天內享用完畢。

榛果蛋糕卷
與覆盆子鮮奶油內餡

　　這款蛋糕在海綿蛋糕中加了一點奶油產生一種精緻的特殊口感。在捲蛋糕時，蛋糕會有點裂開，別擔心，這是正常現象。將蛋糕端上桌之前，表面撒上些糖粉，周圍再放幾顆覆盆子即可。

可製作8份

中型蛋—2顆
未精製金砂糖—50克
無鹽奶油，融化後讓其冷卻—15克
中筋麵粉，過篩—50克
榛果，切碎—75克
糖粉—少許（撒在蛋糕上）

裝飾
覆盆子利口酒—1大匙
高脂鮮奶油—150毫升
糖粉—1大匙
覆盆子—150克

　　預熱烤箱至攝氏200度／華氏400度／瓦斯刻度6。準備一個長寬30x18公分的瑞士卷烤模，鋪上烘焙紙。

　　用電動打蛋器將蛋和砂糖打5分鐘直到呈現厚實泡沫狀。

　　拌入奶油、麵粉以及一半份量的榛果。倒入烤模中烤12分鐘直到蛋糕膨脹長高徹底烤熟。

　　準備一張乾淨的布，表面撒上糖霜以及剩下的榛果粒。將蛋糕脫模在布上待涼，烘焙紙繼續留在蛋糕上。

　　準備要上桌前，將烤紙撕開，表面淋上覆盆子利口酒。將鮮奶油跟糖粉打發至厚實，將鮮奶油均勻地抹在蛋糕卷上，再撒上覆盆子。由蛋糕較窄的那端開始捲蛋糕，捲好後放在托盤上。切片、立即享用。

Fruit Cakes and Tea Breads

水果蛋糕與茶蛋糕

柑橘愛格斯蛋糕

儘管稱作蛋糕，但是卻看不到像蛋糕的海綿在蛋糕體內。這些脆脆的泡芙皮酥餅來自蘭開郡的愛格斯，酥皮宛如藏寶箱一般包覆著葡萄乾、糖漬橙皮、橙皮及各式香料。

可製作6 份

葡萄乾 — 50克

糖漬橙皮，切碎　15克

無鹽奶油　10克（加上份量外抹油用）

金砂糖　25克（加上份量外撒在蛋糕上）

一撮肉豆蔻和綜合香料

刨絲橙皮 — 1/2顆

現成泡芙皮 — 375克

麵粉，撒工作台用

準備一平底鍋，放入葡萄乾、糖漬橙皮、奶油及糖，慢慢加熱融化奶油。加入香料及橙皮絲，攪拌均勻，放涼備用。

預熱烤箱至攝氏220度／華氏425度／瓦斯刻度7。工作台鋪上薄粉、將泡芙皮擀開。用10公分的圓形模切出六個圓形。

將葡萄乾混合物平均分配在圓形泡芙皮上，預留大約2.5公分的邊界。邊緣抹上水，將派皮由邊緣包住內餡，封住口後用手整成圓形。封口朝下將蛋糕反過來放，並放在已鋪好烘焙紙的烤盤上。用小刀在蛋糕上戳兩個洞，表面撒糖，烤15到20分鐘直到表面呈現金黃酥脆狀。

茶風味糕點

　　這款味道豐富的麵團含有奶油、牛奶、蛋以及少許糖，這些成分讓乾果小糕點有著柔軟的質地。將這些材料擀在一起時必須要停止加麵粉，不然會變得太軟又過黏。烘焙師應該遵照「越濕越好」的準則。可以直接享用，或烤一烤後抹上奶油、果醬（詳見第120頁），或是搭配水果奶油抹醬（詳見122頁）。

可做12顆小麵包

新鮮酵母　15克，或是乾酵
母　7克

牛奶　250到300毫升

金砂糖　25克

高筋麵粉　550克

綜合香料　1茶匙

軟化有鹽奶油　75克

中型蛋，打散　1顆

綜合乾果，如各式葡萄
乾　100克

糖漬橙皮，切碎　25克

刷表面

中型蛋，打散

精製砂糖

　　酵母放入小碗中灑上點牛奶、再撒一撮糖。等5分鐘讓它發酵。

　　將麵粉放入大碗中，或是攪拌機的攪拌盆。加入混合香料以及剩下的糖，攪拌均勻。將剩下的牛奶溫熱，直到手摸了覺得會熱為止。

　　麵粉中間挖個洞，加入酵母、奶油、蛋、250毫升的熱牛奶。將麵團擀成軟黏的麵團，整個過程需要大約10分鐘，若麵團不夠黏，再加入50毫升的牛奶。假如是使用電動攪拌器，用麵團攪拌棒來攪拌，過程大約5分鐘。將放有麵團的碗包好並置於溫暖的地方醒麵，直到麵團發到兩倍大。

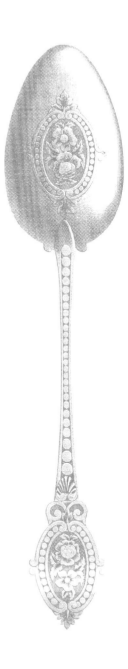

　麵團取出後拉成長方形。將乾果放在麵團中央，麵團邊緣往中心包住乾果，再擀麵團讓麵團跟乾果融合。

　預熱烤箱至攝氏200度／華氏400度／瓦斯刻度6。將麵團平均分成12份，分別捲起。若是有任何乾果從麵團裡跑出來要塞回去，不然烤的時候突出的乾果會烤焦。小麵團一個個放在鋪好烘焙紙的麵團上面，表面再蓋上錫箔紙，放在溫暖處1小時再醒一次。用手指按壓麵團會彈回來時，表示醒成功了。

　拿掉錫箔紙，麵團表面刷上打散的蛋液，再撒上一點精製砂糖，放入烤箱烤18到20分鐘直到表面呈現金黃色，且輕輕拍打時聽起來是空心的。

　烤完後取出，放在烤架上待涼。放入密封保鮮盒可保存至多三天。

蜂蜜、無籽葡萄乾及胡桃茶蛋糕

這是款濕潤鬆軟的茶蛋糕，有著濃郁的蜂蜜、香料香氣，搭配弗南梅森最頂級的伯爵茶香。這款蛋糕出爐後繼續放置會更入味，存放在密封保鮮盒可以保存至多五天。

可製作10份

葡萄乾 200克

現煮弗南梅森經典伯爵茶 200毫升

室溫放軟的奶油 75克（加上份量外抹烤模用）

紅糖 125克

蜂蜜 2大匙

中型蛋 2顆

自發麵粉，過篩 200克

綜合香料 1平茶匙

胡桃，切碎 75克

將葡萄乾浸泡在茶中一晚。

烤箱預熱至攝氏180度／華氏350度／瓦斯刻度4。準備一個可烤900克長形蛋糕烤模，抹油，鋪上烘焙紙。

將奶油、糖、蜂蜜打散。慢慢加入蛋、再拌入麵粉、綜合香料、胡桃以及泡過的葡萄乾和剩下的茶水。在烤箱中烤1小時直到竹籤插入蛋糕中央不沾黏即可。

在烤模中冷卻，切片享用。

Cooking with Tea

茶入菜

茶入菜可以追溯至古代中國，當時茶常常是各種鹹味菜餚的調味料之一。類似這樣的食譜會燒茶葉來燻鴨，讓肉質充滿煙燻的香氣。中國菜也會將茶葉塞入魚中蒸煮，就像西方菜會將檸檬跟香草當作料一般，兩者一樣都能提香。

茶葉當然也能拿來做烘焙——不只是放在蛋糕旁邊的那壺茶而已。茶葉特別適合製作水果蛋糕。乾果浸泡在現泡的茶中讓乾果膨脹，放入蛋糕體後能夠為蛋糕帶來美好的濕度。您也可以選擇特殊風味的茶，如伯爵茶，放入餅乾、海綿蛋糕甚至冰淇淋中，創造味覺的全新層次。

通常使用味道強烈的茶最適合帶領個別的香氣組成一個主旋律。當準備讓茶入烘焙時，倒入冷水或熱水讓茶葉泡20分鐘——一旦泡太久會讓味道過陳又苦澀，影響糕點的味道。

棗核桃長條蛋糕

這款長條蛋糕味道濃郁並帶有柑橘清香，因為額外加入橙皮。在蛋糕上點綴德梅拉拉蔗糖（Demerara sugar）以及核桃碎粒。

可製作10份

室溫放軟的奶油　125克
（加上份量外抹烤模用）

現煮弗南梅森皇家調和
茶　100毫升

棗子，切碎　50克

黑糖　175克

大型蛋　2顆

全麥麵粉，過篩　75克

自發麵粉，過篩　125克

泡打粉　1茶匙

刨絲橙皮　1顆

核桃，切碎　100克

德梅拉拉糖　1大匙

烤箱預熱至攝氏180度／華氏350度／瓦斯刻度4。

準備一個可烤900克長形蛋糕烤模，抹油，鋪上烘焙紙。將茶倒入一小碗中並放入棗子。放在一旁浸泡備用。

將奶油與黑糖在碗中打成乳霜狀。慢慢加入蛋，一次加一點，打均勻後再加入蛋液。

拌入麵粉、泡打粉、橙皮、棗子與茶水，以及75克的核桃。將麵團混合完成後倒入烤模，表面撒上剩下的核桃和德梅拉拉糖。烤1小時。

烤完後在烤模中冷卻10分鐘，再轉到烤架上完全冷卻。這款蛋糕可存放於密封保鮮盒至多五天。

柑橘糖漿海綿長條蛋糕

這款簡單可口的海綿蛋糕有著柑橘與檸檬皮。趁著蛋糕剛出爐，淋上柑橘和檸檬糖漿能讓蛋糕保持濕潤的口感。

可製作10份

室溫放軟的奶油　200克
（加上份量外抹烤模用）

金砂糖　200克（加上4大匙製作糖漿）

大型蛋　3顆

中筋麵粉，過篩　100克

自發麵粉，過篩　100克

橙皮跟檸檬皮、橙汁和檸檬汁　各1顆

烤箱預熱至攝氏170度／華氏325度／瓦斯刻度3。準備一個可烤900克長形蛋糕烤模，抹油，鋪上烘焙紙。

準備一大碗，用電動打蛋器將奶油、200克的糖打至絨毛乳霜狀。慢慢倒入蛋液，若混合液看起來像是要結塊了則再加入一匙麵粉。

用金屬湯匙拌入剩下的中筋麵粉、所有的自發麵粉、橙皮、檸檬皮以及一半的果汁。將蛋糕液倒入烤模烤1小時，直到用竹籤插入蛋糕中央不沾黏即可。

將蛋糕脫模，在烤架上放涼。剩下的橙汁和檸檬汁與4大匙糖在平底鍋上加熱，慢慢溶解糖，製作糖漿。將糖漿淋在蛋糕上，讓其滲透到蛋糕體。切片享用，或存放於密封保鮮盒可保存至多五天。

Tea Cultivation in Britain

在英國種植的茶

　　弗南梅森是崔格斯南單一產地茶的獨家代理商，位於英國境內的崔格斯南，康威爾郡西南方。種植茶葉需要溫和的氣溫、濕潤的夏季以及酸性土質。兩百年前在崔格斯南第一次種植了一種美麗的茶種——山茶花。直到最近十年，經過研究，才讓山茶花變成能喝的茶。製作的過程是一樣的：挑葉子、乾燥、烘烤做出純淨的茶。這塊土地，自西元一三三五年開始就由同一個家族經營，應該加入一樣歷史悠久的弗南梅森。

蜂蜜薰衣草長條蛋糕

　　將薰衣草嫩枝糖漬，再加上弗南的濃郁薰衣草蜂蜜讓蛋糕濕潤鬆軟，風味別緻。這是下午茶的完美夥伴。

可製作10份

薰衣草嫩枝，拿來糖漬跟裝飾

弗南梅森伯爵茶　2大匙

室溫放軟的無鹽奶油　200克（加上份量外抹烤模）

金砂糖　175克（加上份量外的做裝飾）

弗南梅森法式薰衣草蜂蜜　2大匙

中型蛋　3顆

自發麵粉，過篩　200克

泡打粉　1茶匙

　　將兩束薰衣草嫩枝和茶葉用乾淨細紋布包起，並將這包埋入糖中至少一天，或最多一週，全部存放於密封保鮮盒中。

　　烤箱預熱至攝氏170度／華氏325度／瓦斯刻度3。準備一個可烤900克長形蛋糕烤模，抹油，鋪上烘焙紙。

　　將糖漬的糖、奶油和蜂蜜打到絨毛狀。慢慢加入蛋、再拌入麵粉和泡打粉。將蛋糕液倒入烤模中烤1小時，直到竹籤插入蛋糕中央不沾黏即可。

　　蛋糕出爐後表面撒上金砂糖。在烤模中冷卻10分鐘後，再脫模放在烤架上完全冷卻。

　　上桌前，蛋糕表面用份量外的金砂糖跟薰衣草嫩枝裝飾。蛋糕存放於密封保鮮盒，可保存至多五天。

梅子與啤酒薑蛋糕

這款扎實的蛋糕藉由薑與肉桂，有著香料帶來的暖度。黑啤酒、弗南茶、糖漿、黑糖讓味道充滿深度，然而梅子和薑塊卻帶來水果的清甜。保存在密封保鮮盒可儲存至多五天。

可製作12份

黑啤酒 — 100毫升

現煮弗南梅森阿薩姆極品茶 — 100毫升

乾燥亞讓梅 — 75克

有鹽奶油 — 125克（加上份量外抹烤模）

黑糖 — 125克

糖漿 — 2大匙

自發酵母粉，過篩 — 250克

泡打粉 — 1茶匙

薑粉 — 1茶匙

肉桂粉 — 1/2茶匙

大型蛋，打散 — 2顆

兩球蜜漬糖薑，切碎 — 2球

裝飾

金糖粉 — 150克

準備一平底鍋，將黑啤酒、茶、梅子放入後煮滾，煮滾後放置浸泡1小時。大致將梅子切塊，讓其吸收黑啤酒。

預熱烤箱至攝氏190度 / 華氏375度 / 瓦斯刻度5。準備一個20公分的正方蛋糕模鋪上烘焙紙。

將奶油、糖、糖漿放入鍋中加熱，慢慢融化奶油。將所有材料攪拌混合後放涼備用。

準備一碗，拌入麵粉、泡打粉、薑粉跟肉桂粉。奶油放涼後加入蛋、糖漬薑塊、切碎的梅子以及黑啤酒，將所有材料攪拌均勻。烤25到30分鐘後，直到竹籤插入蛋糕中央不沾黏即可。

在烤模中冷卻5分鐘，脫模後放在烤架上待涼。當蛋糕徹底冷卻後，可以來做糖霜。將糖粉過篩入碗中，撒上一些滾水，攪拌到像鮮奶油那樣的黏稠感。將蛋糕上的烘焙紙撕開後，將糖霜淋在蛋糕表面，用刮刀抹平表面。切成三角形享用。

杏桃薑蛋糕

這真是一款奢華的蛋糕，根據弗南獨創的阿波羅繆斯蛋糕，鋪上滿滿的乾果、杏桃以及蜜漬糖薑。弗南最高級的強烈干邑白蘭地讓蛋糕質地濕潤，是一道驚為天人的甜點。單吃就十分美味，也可以配上一小片鬆軟的文斯勒德起司。

可製作8份

無鹽奶油　150克（加上份量外抹烤模）

弗南的頂級香檳干邑白蘭地　75毫升

杏桃乾，對切　125克

無籽葡萄乾　75克

智利火焰葡萄乾　75克

切碎的糖漬橙皮　25克

切塊的蜜漬糖薑　5球

德梅拉拉糖　125克

整顆現擠的檸檬

中筋麵粉，過篩　100克

杏仁粉　50克

中型蛋，打散　2顆

❀
裝飾

杏桃醬　3大匙

杏桃乾　大約11顆

切片的蜜漬糖薑　1到2球

預熱烤箱至攝氏150度／華氏300度／瓦斯刻度2。將一盤13公分的深圓蛋糕模抹油，鋪上烘焙紙。將牛皮紙折兩倍厚沿著邊緣包住，用繩子固定。

準備一平底鍋，倒入干邑白蘭地以及所有乾果，蜜漬糖薑、奶油、糖及檸檬汁。加熱後融化奶油，煮滾，燉1到2分鐘。關火，冷卻10分鐘。

準備一碗，混合麵粉和杏仁粉。在粉類中央挖一個洞，倒入煮好冷卻的乾果以及打散的蛋液。將所有材料混合均勻後倒入烤模，表面整平。

將蛋糕送入烤箱烤大約1小時45分鐘直到竹籤插入蛋糕中央不沾黏即可。在烤模中冷卻10分鐘，脫模後放在烤架上完全冷卻。

裝飾時，將蛋糕上的烘焙紙撕去，將蛋糕放在蛋糕座或是盤子上。將杏桃醬在鍋中加熱直到滑順融化。大約以1大匙的份量刷在蛋糕頂端，將杏桃沿著邊緣擺在蛋糕上，可以稍微重疊，要保留一顆。內圈再以稍微重疊的方式擺放蜜漬糖薑，最後將預留的一塊杏桃放在正中央作結。用剩下的果醬刷遍水果上方。蛋糕存放於密封保鮮盒可放至多兩週。

Preserves and Drinks

果醬與飲品

草莓醬

　　這款果醬最適合搭配剛出爐的新鮮司康了（詳見第54頁）。草莓的果膠含量低，通常果膠是一種天然的果醬催化劑讓果醬成形，所以製作草莓醬需要用特殊的果醬糖，增加果膠含量確保黏性夠且草莓果肉能夠分佈均勻。將糖入鍋煮之前，必須要先把糖加熱，才能確保糖順利且快速地溶解。

可製作1.2公斤
（罐裝200克共6罐）

小草莓 — 500克
含有果膠的果醬糖，已加
熱 — 550克
檸檬皮和汁 — 半顆
香草莢的籽 — 1枝
一球奶油

　　將草莓洗乾淨並拔除蒂頭。將糖、檸檬皮和汁及香草籽放入果醬鍋中。鍋子以小火慢慢加熱糖，用木頭湯匙攪拌幫助糖溶解。準備一些淺盤，裝水，放入冰箱備用。

　　開始加熱直到整鍋大滾。讓鍋子滾個3到4分鐘直到到達凝固點。為了測試果醬是否已經凝固完成，將鍋子離火，挖一匙果醬，滴入剛才冰好的淺盤水中。用手指摸水中的果醬，若產生皺摺，表示成功。

　　拌入奶油，刮下所有還殘留在表面的醬。放置10分鐘後，舀入已經熱殺菌的玻璃罐，上面封上蠟膜，蓋子蓋緊。果醬放置陰涼處可保存一年。

檸檬蛋黃醬

這是款清爽、滑嫩的果醬，最適合搭配溫熱、抹上奶油的茶蛋糕了（詳見第104頁），搭配溫的覆盆子檸檬司康也很美味（詳見第58頁）。蛋黃醬可以在冰箱保存兩週。

大約可製作550克

檸檬皮和汁—2顆（大約150毫升）

中型蛋—3顆

金砂糖—175克

無鹽奶油，冰凍後切丁—100克

將檸檬皮跟汁放入大碗中，加入蛋和糖。將所有材料用木勺攪拌均勻。加入奶油後，將碗隔水加熱，要注意碗底部不要碰到水。

慢慢攪拌，讓奶油融化，直到醬慢慢變厚實，整個過程大約15分鐘。當蛋黃醬開始沾黏在木勺表面時表示完成了。過濾，倒入加熱殺菌的玻璃罐中，封上蠟膜，蓋上蓋子。冷卻後放冰箱，兩週內享用完畢。

萊姆百香果蛋黃醬

　　這款異國風情的蛋黃醬最適合代替果醬當作維多利亞海綿蛋糕的內餡，或是和打發的高脂鮮奶油攪拌在一起當兩片蛋白霜餅的夾心。百香果與萊姆之間有著甜味與酸味的完美平衡。

大約製作550克

百香果—6顆
萊姆皮和汁—2顆
中型蛋—3顆
金砂糖—175克
無鹽奶油，切丁—100克

　　將百香果剖半，挖出籽和汁，過濾在一個大的防熱碗中。擠出果汁，去除籽。

　　將萊姆皮和汁加入百香果汁中，再加入蛋和糖，攪拌均勻。加入奶油後，將碗放在大的熱鍋水中隔水加熱，確定碗底部不要碰到水。

　　慢慢攪拌熬煮，直到奶油融化，果醬變厚實，過程大約15分鐘。蛋黃醬會黏著在木勺上表示成功了。過濾，倒入加熱殺菌的玻璃罐中，封上蠟膜，蓋上蓋子。冷卻後放冰箱，兩週內享用完畢。

Iced Tea

冰茶

炎熱的夏日來一杯冰茶是最美味的降溫方式了，而弗南的皮卡狄里茶是最佳選擇。這款茶由錫蘭茶調和，有著美麗的清澈茶水與淡雅風味。準備冰茶與準備熱茶的方式是一樣的，讓茶葉浸泡出合意的濃度，過濾後讓其徹底冷卻。加入大量的冰塊與調味品，如薄荷、檸檬香茅或是安哥斯圖拉苦酒。若使用弗南的水果茶，可以加一點糖增加水果風味。

橙橘威士忌果醬

　　手工橙橘醬是一道最能夠好好利用酸橙苦味的果醬，因為這種水果只有每年初的前幾週是當季。這份食譜需要兩種不同的糖，一方面增加豐富的層次感，一方面威士忌又能夠加重口味。

大約製作2.4公斤

酸橙－1公斤
精製金砂糖－1.5公斤
黃砂糖－500克
威士忌－75毫升

　　將酸橘洗淨，剖半，擠出果汁。若您使用電動果汁機，能夠縮短一半的榨汁時間也能夠處理掉纖維跟籽。將果汁備用。如果是手工，榨完汁後，用湯匙將纖維舀除。用乾淨的方布包起，用繩子綁緊。

　　將橙皮切片放入果醬鍋中，加入果汁。將布袋用繩子綁在把手上並讓布袋放在鍋中，布袋要碰到鍋底。鍋子加入2.3公升的冷水，滷出布袋的果汁。小火煮滾後繼續熬煮直到皮變軟，鍋中液體收乾剩一半。這個步驟需要大約1到2小時。

　　加入糖慢慢溶解，可以攪拌加速溶解。將一些裝有水的淺碟放入冰箱中冰。

　　鍋子加熱繼續滾15分鐘，直到達到凝固點。為了測試果醬是否已經凝固完成，將鍋子離火，挖一匙果醬，滴入剛才冰好的淺盤水中。用手指摸水中的果醬，若產生皺摺，就可拌入威士忌。繼續滾5分鐘後直到再度達到凝固點。

　　果醬舀入已經熱殺菌的玻璃罐，上面封上蠟膜，蓋子蓋緊。果醬放置陰涼處可保存一年。

新鮮檸檬汁

清爽的檸檬汁最適合在炎熱的夏日當作提神飲料了。這份食譜偏甜，若您偏好更強烈的口味，可以再多加一顆檸檬。

大約製作450毫升濃縮
甜飲料

未精製金砂糖—200克
成熟檸檬的皮跟汁—4顆
汽泡水，要喝的時候加入

將糖放入鍋中加入250毫升的冷水。加熱溶解糖。煮滾後再滾2到3分鐘，製作金黃的糖漿。

加入檸檬皮跟汁，攪拌均勻，關火冷卻。

將25毫升的濃縮甜飲料倒入玻璃杯中，放入冰塊，最後倒入汽泡水。濃縮液放冰箱中可以保存至多五天。

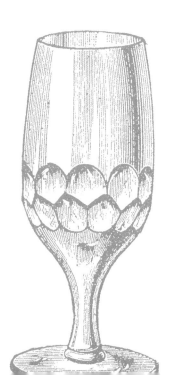

【Gooday 12】MG0012

Fortnum & Mason 英式百年經典下午茶
Tea at Fortnum & Mason

作　　　者　艾瑪·馬斯登
譯　　　者　謝馨
封 面 設 計　走路花工作室
版 面 編 排　走路花工作室
總 編 輯　郭寶秀
責 任 編 輯　陳郁侖
行 銷 業 務　力宏勳

發 行 人　凃玉雲
出　　　版　馬可孛羅文化
　　　　　　台北市民生東路二段 141 號 5 樓
　　　　　　電話：02-25007696
發　　　行　英屬蓋曼群島商家庭傳媒股份有限公司城邦分公司
　　　　　　台北市中山區民生東路 141 號 11 樓
　　　　　　客服專線：02-25007718；25007719
　　　　　　24 小時傳真專線：02-25001990；25001991
　　　　　　服務時間：週一至週五上午 09:00-12:00；下午 13:00-17:00
　　　　　　劃撥帳號：19863813 戶名：書虫股份有限公司
　　　　　　讀者服務信箱：service@readingclub.com.tw
香港發行所　城邦（香港）出版集團有限公司
　　　　　　香港灣仔駱克道 193 號東超商業中心 1 樓
　　　　　　電話：852-25086231 或 25086217　傳真：852-25789337
　　　　　　電子信箱：hkcite@biznetvigator.com
新馬發行所　城邦（新、馬）出版集團
　　　　　　Cite（M）Sdn. Bhd.（458372U）
　　　　　　41, Jalan Radin Anum, Bandar Baru Sri Petaling,
　　　　　　57000 Kuala Lumpur, Malaysia.
　　　　　　電話：603-90578822　傳真：603-90576622
　　　　　　電子信箱：services@cite.com.my
輸 出 印 刷　中原造像股份有限公司
初 版 一 刷　2016 年 5 月
定　　　價　380 元（如有缺頁或破損請寄回更換）

版權所有·翻印必究（Printed in Taiwan）

國家圖書館出版品預行編目 (CIP) 資料

Fortnum & Mason 英式百年經典下午
茶 / 艾瑪‧馬斯登 著；謝馨譯 . -- 初版 .
-- 臺北市：馬可孛羅文化出版：家庭傳
媒城邦分公司發行 , 2016.05
128 面；16x21.5 公分 . -- (Gooday)
譯自：Tea at Fortnum & Mason
ISBN 978-986-5722-89-0(精裝)

1. 茶葉 2. 點心食譜 3. 英國
481.64   105003994